培养与提升青少年观察能力的方法

余霞 编著

PEIYANG YU TISHENG QINGSHAONIAN
GUANCHA NENGLI DE FANGFA

中国出版集团
现代出版社

图书在版编目（CIP）数据

培养与提升青少年观察能力的方法 / 余霞编著. —北京：现代出版社，2012.3（2025 年 1 月重印）
ISBN 978 -7 -5143 -0514 -2

Ⅰ. ①培… Ⅱ. ①余… Ⅲ. ①观察 - 能力培养 - 青年读物②观察 - 能力培养 - 少年读物 Ⅳ. ①B841.5 -49

中国版本图书馆 CIP 数据核字（2012）第 013717 号

培养与提升青少年观察能力的方法

编　　著	余　霞
责任编辑	张桂玲
出版发行	现代出版社
地　　址	北京市安定门外安华里 504 号
邮政编码	100011
电　　话	010 -64267325　010 -64245264（兼传真）
网　　址	www.1980xd.com
电子信箱	xiandai@vip.sina.com
印　　刷	三河市人民印务有限公司
开　　本	710mm×1000mm　1/16
印　　张	13
版　　次	2012 年 3 月第 1 版　2025 年 1 月第 9 次印刷
书　　号	ISBN 978 -7 -5143 -0514 -2
定　　价	49.80 元

善学者师逸而功倍（代序）

有这样一则寓言故事：

每天当太阳升起来的时候，非洲大草原上的动物们就活动起来了。狮子妈妈教育自己的小狮子说：“孩子，你必须跑得再快一点，再快一点，你要是跑不过最慢的羚羊，你就会活活地饿死。”在另外一个场地上，羚羊妈妈也在教育自己的孩子说：“孩子，你必须跑得再快一点，再快一点，如果你不能比跑得最快的狮子还要快，那你就肯定会被它们吃掉。”

动物如此，人也一样。人的一生需要不断进取，如果你不具有持续学习的意识，不积极主动地去改变自己，那么，你必将会被这个时代所淘汰。

我们正身处信息化时代，这无疑对我们在接受、选择、分析、判断、评价、处理信息的能力方面，提出了更高的要求。今天又是一个知识经济的时代，这又要求我们必须紧跟科技发展前沿，不断推陈出新。你将成为一个什么样的人，最终将取决于你对学习的态度。

美国未来学家阿尔文·托夫勒说过：“未来的文盲不是不识字的人，而是没有学会怎样学习的人。”罗马俱乐部在《回答未来的挑战》研究报告中指出，学习有两种类型：一种是维持性学习，它的功能在于获得已有的知识、经验，以提高解决当前已经发生问题的能力；另一种是创新性学习，它的功能在于通过学习提高一个人发现、吸收新信息和提出新问题的能力，以处理未来社会日新月异的变化。

要在现代社会竞争中取胜，仅仅抓住眼下时机，适应当前的社会是远远不够的，还必须把握未来发展的时机。因此，发现和创造新知识的能力是引导现代社会发展的关键。为了实现自我目标，我们必须从“学习”走向“学会”，即培养创新性学习能力。

学会怎样学习，比学习什么更重要。学会学习是未来最具价值的能力。“学会学习”，更多的是从学习方法的意义上说的，即有一个“善学”与“不善学”的问题。“不善学，虽勤而功半”；“善学者，师逸而功倍”。善于学习、学习得法与不善于学习、学习不得法会导致两种不同的学习效果。所以，掌握正确的学习方法显得更为重要。

学习的方法林林总总，不胜枚举，本丛书从不同角度对它们进行了阐述。这些方法既有对学习态度上的要求，又有对学习重点的掌握；既有对学习内容的把握，又有对学习习惯的培养；既有对学习时间的安排，又有对学习进度的控制；既有对学习环节的掌控，又有对学习能力的培养等等。本丛书理论结合实际，内容颇具有说服力，方法易学易行，非常适合广大在校学生学习。

掌握了正确的方法，如同登上了学习快车，在学习中就可以融会贯通、举一反三，从而大幅度提高学习效率，在各学科的学习中取得明显的进步。

热切期望广大青少年朋友阅读本丛书后，学习成绩、学习能力都有所提高。

本丛书编委会

目 录

引 言

观察是人们认识世界、拓展思维、增长知识、发展智力的主要手段。科学研究、生产劳动、艺术创作、教育实践等都离不开观察，都要对所从事的对象进行全面、周密、精确的观察。人们只有对事物或现象进行一番观察，才能认识它们，才能增长见识。没有观察，就不可能有丰富的想象力和创造性的思维；不进行观察，就不可能有新的收获和巨大的成功。

观察是获得写作、实验、分析、提问、记录的素材和能力的重要途径，尤其是精力旺盛、怀抱希望的广大青少年，只有拥有了极强的观察能力，才能在自然条件下、生活中、学习中或实验中，认真观察各种自然现象和事物及其变化情况，认识它们的特点和特性，才能了解现象及其本质，从而丰富知识，提高自身素质。

俄国著名的生物学家巴甫洛夫在实验室大楼正面写有他的警句："观察，观察，再观察。"足以说明观察对于一个人的重要性。正如众多的科学家、文学家、生物学家、哲学家、物理学家、化学家一样，都凭着自己卓越的观察能力走到了成功之巅。

对于中小学生来说，如何正确观察，怎样在观察中启发自己积极的思考，展开丰富的想象，努力拓展思维，关系到学生知识能力的提高。

观察能力是一个人智力结构的重要基础，是思维的起点，是聪明大脑的“眼睛”。观察是学生获得感性认识的重要途径，是把感性认识进行思维加工的前提。学生要在观察中学习知识，又要在知识的学习过程中学会观察。因此，观察能力的培养和提升是轻松高效学习的前提条件。它的培养和提高除了学生自己运用一些方法外，还有赖于对象的明确，以及老师和家长的适当引导。

为了培养学生的观察能力，就要使学生明确观察对象。一般来说，孩子好奇心强、活泼好动、注意力不集中，这样就很难完成观察任务，也就达不到学习的目的。

要想培养和提升观察能力，学生除了具备细致认真的态度、敏锐的洞察力、集中的注意力、优良的习惯、浓厚的兴趣、必备的知识、丰富的经验、坚韧不拔的精神外，还应正确选择观察对象，有明确的观察目的，制订周详的观察方案，做详细的观察记录，将理论与实践相结合，抓住其特点。在掌握多种观察方法并进行相应训练的情况下，逐步提高自身的观察能力。值得一提的是，观察方法的掌握可以促使学生自主观察，并独立做好观察记录，受用终身。

第一章　一切成果源于观察

眼睛是心灵的窗口，通过这个窗口，我们接触世界，了解世界，认识世界。可以说，观察是人类最基本的素质。通过观察，文学家创作了优美的文学作品；艺术家绘制出精美的图画；科学家发明了重要成果；医学家研制出攻克疾病的药品……观察对于任何工作都有重要意义，一切科学研究、生产劳动、艺术创作都需要对其对象进行细致、深入的观察。

总而言之，观察能力是取得一切优秀成果的前提，是一切人才的重要能力之一，要想在某一领域有所成就，观察能力是必不可少的。

第一节　什么是观察和观察能力

观察，即仔细察看事物与现象，是人们有目的、有计划、有步骤、比较持久地主动认识某种对象的知觉过程。观察是我们得到感性知识和理性认识的一种方式，是对认知对象的接收与感应，是对认知事物的反射，有利于我们对事物的整体认知与把握。

观察作为人脑对直接作用于感觉器官的事物整体的反映，它是一种知觉活动。但是，观察又不同于一般的知觉。这是因为，第一，观察是一种有目的、有计划的行为。例如，老师组织学生看日食，一般都事先确定本次观察的目的、对象、时间、地点、方法等，而学生的观察活动则是按照老师所确定的目的和计划进行的；第二，观察过程有思维的积极参与和引导。当然，这并不是说一般的感知活动就绝对没有思维的参与。观察之所以不同于一般的知觉，就在于其中的思维活动是更有意识、更为自觉的。为了达到观察的目的，思维不仅要对观察对象的每一个细节进行比较和分析，而且总是不断地提出问题，积极地指引、调节着观察活动的正常进行；第三，观察具有持久性。观察不同于一次性的瞬间知觉，它需要经过系统、持久甚至是反复地感知，才可能达到观察的目的。观察的持久性，又使得观察与观察者的注意力、情绪、意志等非智力因素相联系。可以毫不夸张地说，没有稳定的注意力、正常的情绪和坚定的意志，观察难以持久地进行。

由此可见，观察远比一般的知觉复杂得多。从心理的意义上看，它既是分析器系统综合作用下的知觉过程，又是思维积极参与下的智力活动过程，它是知觉与思维的有机结合和统一。

观察是人们认识世界的重要途径，是智慧的源泉。尤其是青少年正处于知识和智力迅速发展的时期，观察对他们来说更具有重要的意义。观察对青少年发展的重要性主要表现在以下几个方面：

一、观察是语言发展的基础

语言是人类在长期的认识世界和改造世界的过程中产生并得到发展的。作为语言的最小单位的每一个词，它所表达的内容都是客观对象在人的意识中的概括反映。学生学习语言，只有在自主观察和亲身实践中，对每一个词所表示的客观对象经过反复地分析、比较和概括，才能真正理解和掌握词的意义。比如，月色“朦胧”、山峰“陡峭”、寒风“凛冽”、空气“清新”等，学生对这些词的实际理解程度，总是随着他们对相关事物的观察、理解的不断深入和实际感受的不断加深而提高的。从根本上说，观察和实践是学生语言赖以发展的基础。

如果在学习的过程中，学生并没有真正感受、理解某些词语的真实“含义”，而只是死记硬背那些抽象的词语解释，这样的学习效果就只是片面的。一味地死记硬背，不注意联系实际，会使学生的思维变得迟钝。长久下去，学生就会在阅读文章时缺乏语感，在写作时用词不当，进而影响学习成绩以及学习兴趣。

二、观察是所学知识形象化的重要手段

一般来说，低年级学生容易接受鲜明、生动的形象，较难理解书本上理性的知识和字词概念。他们在学习时常常会因为缺少具体、形象的感性材料的支持，而使一些理性的知识变成了僵硬的、教条的东西。知识不能得以消化和周转，是学生思维发生困难或受阻的重要原因。但是通过观察，情况就会大不相同。在观察中，学生可以把所学的书本知识与具体、生动的形象紧密结合起来，在边感知边思考的过程中达到对相关知识的理解、掌握和运用，大大提高孩子习得新知识的效率。

三、观察是审美能力赖以发展的条件

出于人的不同需要，观察可以分为两种不同的类型。一种是现实性

的观察，一种是审美性的观察。现实性的观察，是以实事求是的现实态度去感知事物，它要通过理性的分析、比较和概括去识别事物的形态、种类和属性，并注意从事物的因果联系上去考察事物的内在本质和原因，从而能够判断出这一事物是什么，它为什么是这样。审美性观察是以审美的态度去感知事物，它虽然离不开现实性做基础，但并不以实用性为目的，而是与审美主体内在的特定的情感生活模式相联系。审美性的观察并不满足于判断出这是动物，那是植物。它不是科学的判断与分类，而是一种按照自身内在的情感生活模式的探求与把握。一旦事物外在的形式结构与主体内在的情感生活模式相符合，便会引起主体充分的注意和观察，进而透过事物的形式达到对其情感表现性的把握。

例如，苏轼云："大江东去，浪淘尽，千古风流人物。"波浪怎么会淘尽历史上的风流人物呢？科学的意义上这显然是荒谬的。然而在审美的意义上则是合情合理的——词人之所以会产生如此的感受，是因为大江东去一去不复返的感性形态的特征与词人岁月流逝、历史无情这一内在的情感生活模式的特征正好相似，从而达到情感上的谐振与共鸣。可见，审美性的观察与现实性的观察有着本质的不同。

正因为观察是语言发展的基础，观察是所学知识形象化的重要手段，观察是审美能力赖以发展的条件，所以我们必须把观察能力的培养放在十分重要的位置。因为只有进行仔细观察，我们才会发现更多有趣的现象，学到更多的知识。

何谓观察能力？观察能力是指一种有目的、有计划、有步骤地知觉事物的能力，是对客观事物认识分析，并发现和抓住其典型特征及内在本质规律的能力。

观察能力与观察有着密切联系，脱离对客观事物的感知就无所谓观察能力，即观察能力是以感知为基础而形成的。但观察能力是在感知活动中表现出来的一种稳固的认识能力，而不是感受本身。观察是一种活动，观察能力是迅速而敏锐发现事物的特征、性质、状态，并进行正确描述的能力。

一个人的观察能力，是指善于通过观察活动，全面、迅速、深入、精确地认识事物的特点的能力。日常生活中，很多人并没有好好利用自己的眼睛进行观察。

观察能力是一切能力的基础。观察是人们在实践活动中认识世界、改造世界的起点，它也是学生求知的入门。如果两个学生同时观察一只猫，一个学生在观察中记录了猫的身长和体重，但他的数字不精确；另一个学生不仅准确地记录了猫的身长和体重，还记录了猫的毛色和叫声。那么，相比之下，后一个学生的观察能力就较强，他知觉事物的能力就更全面、更准确。

对于中小学生来说，如果忽视了必要的观察活动，忽视了观察能力的培养，那么所造成的损失，将是在今后的学习过程中难以弥补的。

名人名言

在学校工作的36年使我深信，在小学里对儿童进行教学，这首先就是教给他们观察和发现世界。

——前苏联教育理论家、教育实践家　苏霍姆林斯基

第二节　伟大的发现始于观察

在漫长的人类历史进程中，许多伟大的发现、杰出的成就都源自观察。科学家和发明家通过异于常人的观察，为人类做出了重要的贡献。

英国著名的生物学家达尔文从小就热衷于观察动植物。剑桥大学毕业之后，他便自费搭乘英国政府组织的“贝格尔号”军舰的环球考察船进行漫长而又艰苦的环球考察活动。期间，达尔文对加拉帕戈斯群岛进行了细致的观察，详细观察研究了岛上的植物和动物。为了进行更详尽地分析研究，他竭尽所能地收集岛上兽类、鸟类、鱼类、贝类、昆虫以及植物标本，并写了许多观察日记。

对于岸边的火山渣颗粒、近海水域的鱼类、岸上枝繁叶茂的灌木、发出叫声的爬行动物、觅食的小昆虫……达尔文都没有放过。经过初步的研究，达尔文认为加拉帕戈斯群岛的岛屿是由火山喷发物组成的。在加拉帕戈斯群岛，达尔文还观察到一些奇怪的现象：岛上所有的鸟类和兽类都不怕人，当人们靠近时，它们不会惊觉飞走；岛上的动植物，不仅与距离它们最近的南美洲的动植物不同，而且岛屿与岛屿之间的动植物也不相同。达尔文还惊奇地发现，加拉帕戈斯群岛上的大部分动植物，不管是鸟类、爬行动物，还是蕨类植物、特有物种，都是举世无双的。

达尔文不满足于对大自然的观察、搜集信息和整理标本，而是不遗余力地探寻事实背后隐藏的规律，努力探索地球生命形成的神秘过程。

经过20多年的研究，达尔文终于得出结论，出版了科学巨著——《物种起源》。

在《物种起源》一书中，达尔文鲜明地提出了“进化论”：物种是在不断地变化之中，由低级到高级、由简单到复杂的演变过程。达尔文用观察研究的成果，推翻了“神创论”和物种不变的理论，使人类对地球生命的认识发生了翻天覆地的变化。而他深入观察的加拉帕戈斯群岛，便是他“进化论”思想的发源地。后来，达尔文把自己一生的成就归结为认真观察的结果。

英国伟大的物理学家牛顿，非常喜欢对身边的各种事物进行仔细地观察。他总是尽力通过不断的观察，把不懂的问题彻底弄明白。

有一次，突然屋外刮起了大风，顿时树叶掉落，沙石漫天，人们纷纷往家跑。然而，牛顿却跑出屋外，一会儿顺风前进，一会儿逆风行走，原来他是在实地研究顺风和逆风时的速度差。正是这种观察能力品质，才成就了牛顿日后的伟大成绩。

我国明代著名的医学家李时珍，为了撰写《本草纲目》，除了从相关书籍中搜寻资料外，还有一项艰苦而复杂的任务，就是进行大量的调查考证工作。在这个过程中，他几乎对每一种药物都要深入实地进行细致的观察，了解药物的形状、生长习性以及药用价值。

当时，蕲州盛产一种白花蛇，牙齿尖且毒性强。人一旦被咬伤应立即截肢，否则就会中毒身亡。但它对医治风痹、惊搐、癣癞等疾病有特效，因此非常贵重。李时珍为了弄清这种蛇的有关情况，一方面向有关人士请教，一方面请捕蛇人带他到实地进行观察。

在捕蛇人的帮助下，李时珍冒着生命危险，登上蕲州的龙峰山，仔细观看了蕲蛇的体征、生活环境和生活习性，并且观看了捕蛇的全过程。由于他亲眼目睹了这一切，因此他在《本草纲目》一书中，对白花蛇的介绍详尽而准确，甚至连蕲蛇与外地白花蛇的区别也描述得一清二楚。

又如，鲮鲤，即穿山甲，也是常用的中药。南北朝时期的医学家陶弘景说穿山甲白天爬上岩石，张开鳞甲，装出死了的样子，引诱蚂蚁进入甲内，然后会闭上鳞甲，潜入水中，在水中张开鳞甲让蚂蚁浮出，再吞食。为了验证史料的准确性，李时珍亲自上山，在樵夫、猎人的帮助下，捉到一只穿山甲，从它的胃里剖出了许多蚂蚁。结果证实了陶弘景的说法是正确的。但在仔细地观察中，李时珍发现，穿山甲吃蚂蚁时是搔开蚁穴，进行舐食，而不是诱蚁入甲，下水后再吞食。于是，他纠正了之前记录的不确切之处。

在观察的过程中，李时珍对不同的药物进行比较，对同一种药物的各种不同记载、不同季节的采集、不同生长地点的药物功能也进行了比较。即使对同一地点、同一季节采集的同一种药物，对它的茎、花、叶、根不同部位的药性也要进行比较。由于经过了李时珍的严格观察与实地考证，因此《本草纲目》具有很高的医药价值。《本草纲目》不仅是我国自明代以来中医用药的重要依据，也是世界医药宝库的宝贵财富。

类似的伟大发现、杰出发明还有很多：鲁班的妻子云氏通过观察蘑菇，发明了雨伞；比罗通过观察实践，发明了圆珠笔……可以说，一切的成就都离不开观察。

名人名言

在头脑迟钝的人看来，整个自然界是铅灰色的；可在睿智者眼里，这个世界在燃烧在发光。

——美国作家 爱默生

第三节 观察是思维发展的基础

生活万象，千姿百态；自然美景，美不胜收；社会动态，无奇不有。善于观察，才能了解事物、认识事物。观察，不属于思维的范畴，但又与思维密切联系。观察，不仅能使主体获得丰富的感性材料，而且可以形成对事物的初步认识；这些感性的材料和初步的认识是进而理性思维的前提和基础。真正有效的观察过程既包含感知的因素，也包含思维的成分。在观察的过程中，如果不注意锻炼思维能力，那么这样的观察只能是笼统、模糊、杂乱无章的，既不可能抓住事物的主要特征，也不可能做出科学的判断。

一位教育家说："观察是入门，思维是核心。"生理心理学研究结果表明，从幼年时期开始就让孩子多看各种色彩鲜艳、形象生动的图片，听一些节奏明快、旋律优美的乐曲，并且要经常到户外活动，观察大自然中的各种事物，不仅视觉、听觉等感官经常得到锻炼，功能得到提高，而且大脑皮层不断接受刺激，经常处于兴奋和活跃的状态，大脑就会得到良好发育，智力水平就会不断提高。

观察是通过各种感官而实现的，其中视觉和听觉占有重要的地位。

实验证明，正常人从外部获取信息的80%来自视觉，15%来自听觉。如果没有观察，对于思维来说，就如同树木生长没有了提供养分的土壤、江河湖泊没有了源头一样。

观察之所以不同于一般的知觉，就在于观察过程有着思维的积极参与；观察能力总是与思维能力相联系。可以毫不夸张地说，观察是思维赖以发展的基础，只有有效地观察，才能更好地思维。可见，要培养学生的思维能力，就必须重视培养他们的观察能力；而要培养学生的观察能力，又必须重视培养他们的思维能力。将观察和思维结合起来，也就是说，不单单要重视观察，更重要的是通过观察要有所启发。

观察对青少年思维的发展有着极其重要的作用。通过观察，青少年可以不断地获取丰富的感性材料，并形成初步的感性认识，这些感性的材料和感性的认识是理性思维的基础。尤其是低年级的孩子，由于他们对周围世界缺少深入的了解、缺乏经验，观察对于他们来说是思维发展最重要的能源。青少年的思维正是随着他们观察领域的不断拓宽和观察水平的不断提高而逐步发展和提高的。

随着青少年观察活动的不断深入，思维材料不断地得到质的更新和改造。一个人在成长的过程中，大脑中同一事物表象的质量是不同的，期间经历了一个由模糊到清晰、由粗糙到精细、由反映事物的外部特征到反映事物内在变化的过程。而表象的这种质的更新和改造，是随着孩子观察活动的不断深入和观察能力的不断提高来实现的。思维材料质量的不断提高，是促使孩子思维结构不断优化的重要条件。

观察的过程是一个发现问题、分析问题、解决问题的过程，它本身就是对思维的锻炼和发展。在观察过程中，思维的触角总是在探求着，力求能够发现问题，并通过分析而解决问题。可以说，每一次有效的观察活动，都会使思维得到一次实际的锻炼。在青少年逻辑思维还未充分发展的阶段，直观、生动的观察活动是最切合他们心理特点的有效的思维锻炼形式。

思维能力并不是先天性的，它是可以通过后天的学习、培养以及训练形成与提高的。在思维的训练过程中，观察能力的训练是重要的基础之一。因为观察是人们认识客观事物的首要步骤，对客观对象的观察最先影响到我们的思维。它首先把对客观现象的感觉传导给思维主体，然后由思维主体予以加工。在许多时候，这种观察实际上是对客观对象展开细致的观察以取得第一手资料。由于客观对象是极其复杂的，所以我们的观察方法也应随之变化。

有些学生把观察理解为只是简单地“看”，缺乏对看到的现象进行深入思考。其实，观察不仅仅是为了获取和积累一些直觉表象，更重要的是对所获取的感性材料进行分析、比较、综合、概括等思维活动，这样才能真正通过这些表面现象，认识事物的本质属性及其内在联系，使感性认识上升到理性认识。可以说，通过观察发现问题，通过思维解决问题。没有思维的观察，只能使获得的知识停留在感性认识的低级阶段。爱迪生就是在英国科学家发明第一盏弧光灯的基础上，进一步观察和研究而发明了电灯。实践证明，观察得越深入，思考得越深刻，就越能从大量的现象中获得规律性的东西。

另外，观察能力的发展与思维的水平密切相关。心理学研究指出，人们认识事物的基本过程是：由观察开始，然后才是记忆和思维。观察是认识的出发点，同时又要借助思维来提高和发展优良的观察能力。一般来说，学习成绩不佳的学生听课不认真、不仔细，由于课堂上的观察不准确、不清晰，所以之后回忆的形象往往是模糊不清、模棱两可的，到实际应用或是考试时，也就不能快速而准确地表述。更有甚者，由于大脑分析综合和判断（思维）的能力不强，导致观察的目的性、条理性较差，又会进一步影响今后的观察效果，形成恶性循环。

把观察和思维紧密结合起来。观察现象和思维分析是不能截然分开的，观察是正确思维的基础，而深入地观察需要思维的指导。因此，培养观察能力应注意把观察和思维紧密结合起来。我们的思维活动不但贯穿于观察的全过程，而且还要延伸到观察之前和观察之后。观察之前，要确定观察对象、观察目的、观察计划、观察步骤以及观察方法，这些要通过思维活动来完成。我们在观察的过程中，对出现的各种现象，应当多问几个“为什么”，应当对观察中出现的每一种变化或者现象都打个问号，力求做出科学的解释。在观察结束后，面对一大堆观察结果，要继续思考。只有在观察前、观察中、观察后始终动脑筋思考的人，其观察能力才会迅速得到提升。

超级链接

创新是一个民族的灵魂，是一个国家发展的不竭动力。然而创新的关键是人才，而人才的成长靠教育。要培养具有创新精神和创新能力的人才，其中最重要的是有较强的学习能力和思维能力。而观察能力极大地影响着其他能力的培养和发展。

对于学生来说，观察能力是获得知识的必要条件。通过观察，学生首先获得感性知识，为理论知识的学习打下基础；通过观察，能在别人不以为然、司空见惯的事物和现象中发现新问题、提出新问题。所以观察能力的培养和训练在培养高素质人才的过程中起着举足轻重的作用。

第四节　观察能力是智力的源泉

科学研究证明，人的大脑所获得的信息绝大多数是通过视觉、听觉而接收的。一个人要想开发自己的智力，就要睁大眼睛去观察。通过对客观事物的仔细观察，来扩充自己的知识。

关于观察能力在实际生活中的应用，有这样的一个故事：

古波斯有位珠宝商很会做生意。他在出售金银首饰时，常常牢牢盯住顾客的眼睛不放，结果生意十分兴隆。这位珠宝商的生意红红火火，然而其他的同行却只能羡慕而已。许多人想尽办法想探究其中的奥妙，他却守口如瓶。临终前，他才向儿子传授了这一诀窍："盯着对方的眼睛，准确地讲，是盯住对方的瞳孔，瞳孔是不会撒谎的。如果一枚钻戒的熠熠光泽使对方瞳孔扩张，那就大胆地把价格提高三成或是更高；如果一条项链没能使对方放大瞳孔，你就立即换一条……总之，盯着对方的瞳孔！"

这位珠宝商能够细心观察生活中的细节，并将其巧妙地运用到生意中，从而取得了巨大的成功，这一点值得我们借鉴。俗话说："处处留心皆学问!"只要我们细心地观察学习生活中的细节，仔细分析并加以研究，定能取得质的突破。

观察使人们的智慧有了生机和翅膀，观察是智力活动的开端和源泉。人们通过观察收集资料，然后进行整理、分析，经过大脑处理上升为理论认识，提高个体智能，从而促进人类的发展。

你知道鲁班为什么有那么多的发明吗？答案就是：鲁班是一个善于观察的人。

鲁班有一次上山，越过草丛时不小心被草划了手，顿时流出了血。他马上蹲下来观察"厉害"的草，发现小草的边缘有很多细齿，这些小细齿很锋利，再用手指去试，就又会划破一个口子。鲁班想，如果像这种草一样，打成有齿的铁片，不就可以锯树了吗？于是，鲁班和铁匠一起试制了一条带齿的铁片，然后拿去锯树，果然成功了。由于鲁班善于观察，善于动脑，所以发明了很多用具和器械，在建筑、机械等方面做出了杰出的贡献，被建筑工匠尊为"祖师"。

毛泽东同志曾说："任何知识的来源在于人的肉体感官对客观外界的感觉。"这句话对智力同样适用。一个人对周围事物"视而不见""听而不闻"，他的精神世界就非常空虚。一个人的亲身观察有限，他的知识就是浮光掠影的，其智力活动就会成为无本之木，就会显得苍白无力。观察能力是在感知过程中并以感知为基础而形成的，脱离了感知就无所谓观察能力。认知心理学把观察能力的低下称之为认知能力的一种缺陷。它的表现是：对客体的知觉不详细、不明确、不敏锐、不能发现事物的独特性。知觉活动缺乏目的性、精确性、知觉广度。心理学研究证明：在缺少日常刺激环境下生活的青少年，在理智的内容上苍白无力，而且注意力涣散，易受外界暗示干扰，缺乏学习能力。实践表明：仅仅阻断触觉刺激，也会使被试者智力活动迟钝、手指尖的灵巧性下降、感情冲动，并出现离奇古怪的思维。既然缺乏一般的感知，就会使智力活动受到如此明显的不良影响，那么，缺乏有目的、有计划的观察，对智力活动的消极影响就不言而喻了。

观察能力的强弱，直接影响着人的智力活动的水平。人们学习知识的过程，从观察开始。如果学习自然科学知识，就要在自然条件下或在实验室里，认真观察具体的事物，观察各种自然现象、实验规律等，从而获得自然科学知识。如果学习社会知识，就要观察社会生活和各种社会现象，了解复杂的社会关系和社会发展规律，从而获得社会科学知识。即使是间接地从书本上获得的知识，也离不开眼睛、耳朵等感官的观察活动。要提高学习成绩，发展智力，不提高观察能力是不行的。

对于孩子来说，观察能力是完成学习任务的必备能力。孩子观察能力的强弱，直接关系到学习成绩的优劣。许多孩子学习成绩不好的原因之一就是观察能力差，从而导致思考能力和判断能力低下。通常，家长总是责怪孩子因为思想不集中而在作业中出错，其实根本原因是由于没有培养孩子的观察能力的缘故。前苏联教育学家赞科夫根据他对差生的长期研究后发现，他们的普遍特点是观察能力差，不会发现知识间的特点和联系，因而也就缺乏应有的求知欲。因此，他们掌握知识的能力相对较差。孩子有没有能力发现问题，对周围的事物有没有兴趣观察是孩子智力品质低下的重要表现。由此可见，培养孩子的观察能力是非常重要的。

超级链接

我国北宋时期的著名画家赵洁，有一次看到一幅《孔雀日落》图，便说道："画错了，画错了。"众人惊愕，面面相觑。他解释道："孔雀飞落时，应左脚先着地，可是这幅画把它画成右脚先着地，这不是错了吗?"众人听后，恍然大悟，都佩服他的观察细致入微。由于赵洁的日常细致观察，他才能对于图画做出是非判断，否则，他也会像众人一样不知对错的。

第五节　观察能力是通向成功的桥梁

观察能力是通向成功的桥梁，是一个优秀人才不可或缺的能力。各行各业的人才有许多的不同之处，但良好的观察能力却是他们的共同特征之一。

一、文学创作需要观察能力

文学创作来源于生活而又高于生活。一个文学家只有对生活认真观察，才能发现生活的真谛，才可能创作出不朽的名篇巨著。

莫泊桑年轻时，有一次去拜访已经成名的福楼拜。莫泊桑表达了自己想写一本书的想法，并讲了自己准备写的几个故事。福楼拜听后，没有让他马上动笔写这些故事，而是希望他这样做：骑马到市场上去观察，然后把自己看到的事物记录下来。比如，用一句话描写出马车站的那匹马同其他马有何不同之处；用简练的语言描绘见过的一个吸烟斗的守门人、一个杂货商，并要使别人听了不会将他们与其他守门人和杂货商混同起来。莫泊桑照着福楼拜的话做了。在福楼拜的培养下，莫泊桑对生活有了更深的感触。通过这样的观察练笔，莫泊桑写出了多部不朽的名著，最终成为著名的小说家。

许多文学大师都深有体会地谈到观察对于文学创作的重要性。鲁迅认为：“如要创作，第一需观察。”契诃夫指出：“作家务必要把自己锻炼成一个目光敏锐、永不罢休的观察家！”高尔基主张：“作家应当把对生活的仔细观察作为他创作的基础。”

二、科学研究需要观察能力

科学研究就是利用前人的经验和知识，去发现未知、解答未知，也就是有所发明、有所创造。在这个过程中，观察处于非常重要的位置，因为只有观察非常敏锐的人，才可能注意到别人忽略的微小差别，实现巨大的进步，为人类做出巨大的贡献。

现代化学方程式的创始人柏洛利阿斯发现学生缺乏观察能力，为了锻炼他们的观察能力，他做过这样的一个实验。

在一次课堂上，柏洛利阿斯拿起一个瓶子，把煤油、沥青、白糖三种溶液混合在一起，然后伸进一个手指，接着把“一个手指”放到嘴里品尝溶液的味道，然后露出微笑，好像很好吃的样子。学生们都照着老师的样子做，结果都是愁眉苦脸的表情——溶液的味道实在是太难吃了。这时，柏洛利阿斯哈哈大笑，说：“你们都上当了，你们中间没有一个人善于观察。”然后，他把自己的手指给不服气的学生看。

原来他并没有真正品尝溶液，他伸进瓶子的是中指，放进嘴里的却是食指。

由于学生们观察得不细微、不精确，而都傻傻地品尝了溶液的味道。这个实验告诉我们：要想有所成，就要善于观察。

三、艺术创作需要观察能力

任何一种艺术创作都首先要认真地观察生活、观察社会、观察一切可以观察的事物。艺术家如果不能做到这样，就不会有为人们所推崇的艺术作品问世。

我国东晋的著名书法家王羲之，非常爱养鹅，他认为养鹅不仅可以陶冶情操，还能从鹅的某些体态、姿势上领悟到书法执笔、运笔的道理。他通过长期观察鹅的叫声和神态，逐渐融入其书法艺术之中，所写的“鹅”字一笔而过，被称为“一笔鹅”。

名人名言

所谓大师，就是这样的人，他们用自己的眼睛去看别人见过的东西，在别人司空见惯的东西上能发现出美来。

——法国著名雕塑家　罗丹

意大利著名的画家达·芬奇14岁那年到了佛罗伦萨，拜著名的艺术家弗罗基俄为师。弗罗基俄是一位很严格的老师，他给达·芬奇上的第一堂课就是画鸡蛋。开始，达·芬奇很有兴致。可是，接下来的几天都是画蛋。达·芬奇想，小小的鸡蛋有什么好画的，于是不耐烦地问：“为什么总是让我画鸡蛋？”弗罗基俄说：“别以为画鸡蛋容易，其实

1000 个鸡蛋中没有两个鸡蛋是相同的；即使是同一个鸡蛋，角度不同，形态也不尽相同。要在纸上准确地将其表现出来，非下一番苦功不可。要做一个伟大的画家，就要有扎实的基本功。通过画蛋，你就能提高观察能力，就能发现每个蛋之间的微小差别，就能锻炼你的手眼的协调，做到得心应手。”达·芬奇听了老师的话后，觉得很有道理，从此更加刻苦地画鸡蛋。一年，两年，三年……他所用过的草纸堆得很高了。他的艺术水平也得到了巨大的飞跃，终于取得了成功。

达·芬奇通过对每一个鸡蛋的细致观察，从中发现在不同场所不同时刻不同蛋之间的差异，从而很好地把握了绘画技巧，成为一代大师，创作出《蒙娜丽莎》《最后的晚餐》《岩间圣母》《圣母子与圣安娜》等名作。

不论是书法家还是画家，只有从平凡的现实生活中发现美、欣赏美，才能将美用艺术的形式展现给观众。推而广之，要想在某一个领域有所成就，观察能力是最基本的素质。观察能力是一切人才的重要能力之一，是做好各项工作的前提，是通向成功的桥梁。

超级链接

对客观事物的观察，是获取知识最基本的途径，也是认识客观事物的基本环节。因此，观察又可以被称为学习的“门户”和打开智慧的“天窗”。每一位同学都应当学会观察，逐步养成观察意识，只有这样才能在成功的道路上有所收获，获得巨大的成功。

第六节　关于科学观察和一般观察

科学观察着力于把握人们对客观世界的科学认识，以认识自然界和人类社会的规律为主要目的。进行科学观察时，观察者的心态应该是客观冷静的，应时时以科学研究的眼光审视客体，去搜集客体的各种信息材料。

科学观察，并不是指人们对观察的一般理解，即不仅仅是“仔细察看”，而是在自然存在的条件下，对自然的、社会的现象和过程，通过人的感觉器官或借助科学仪器，有目的、有计划地进行。所谓“自然存在的条件”，是指对观察对象不加控制、不加干预、不影响其常态；所谓“有目的、有计划”，是指根据科学研究的任务，对于观察对象、观察范围、观察条件和观察方法做明确的选择，而不是观察能作用于人的感官的任何事物。而一般观察则是指人们在日常生活中对所见的事物的普通注意，大多是对表象的一种初步认识，有的甚至还有观察者的个人感情色彩。

例如，对于一盆红色的花，一般观察者只是了解了花的形状，甚至还会流露出自身对这盆花的好恶。然而，科学观察者则在进行了观察之后，对花的形状、大小、颜色、气味、喜阴还是喜阳、生长状况等问题都进行了研究，并会得出全面的观察结果，甚至留有详细的观察记录等以备进一步的研究。

一般来说，进行科学研究、科技发明、学习研究都应运用科学观察，否则难有所成就。要进行科学观察，就应注意以下几点：

第一，观察时要专注。

现实生活中，许多的现象都是稍纵即逝的，稍微不注意就会失去观察的机会。比如，日食、月食的观测，海市蜃楼的景象等。

第二，要多动脑筋思考。

观察时要一边观察一边思考，对于眼见的一切要多想几个为什么。只有多动脑筋，善于提出问题，观察才能深入下去，才能取得明显的效果。对于一时难以理解的问题，可以查阅有关资料进行解答，以便更好地理解事物。

第三，客观反映事物的本质，不带个人偏见。

观察事物时不能加入任何的感情色彩，是什么就是什么，不得夸大和缩小。如果一个人带有成见，带“有色眼镜”去看问题，自然就会受到很多限制。我们如果对自己不感兴趣甚至讨厌的事物缩短观察的时间，这样做不会有什么收获，其结果往往会达不到预期的观察目的。

第四，要讲究方法。

观察时还要注意掌握正确的方法，如观察要讲究点面结合，观察要注意顺序性、条理性，观察要选好角度等。

第五，观察要全面细致。

观察不只是用眼睛看，还要用耳朵去听，用鼻子去闻，用嘴去尝，用手去触摸等，也就是说要全面感知，才能获得真知。

第六，观察结果必须核对查证。

对于观察任务来说，不是得出结果就算完成任务了。对于观察结果应反复核对查证，确保其是准确无误的，否则偏差错误的观察结果毫无价值不说，运用其进行研究，还会使人误入歧途。

科学观察	一般观察
有目的、有计划	没目的、自发进行
选择特定的观察对象	不选择观察对象
要做严格详细的观察记录	不要求做严格详细的观察记录

要想正确地进行科学观察，就要动手研究、动脑思考，要依据观察的事实来得出结论。科学观察不同于一般的观察，要有明确的目的；观察时要全面、细致和实事求是，并及时记录下来；对于需要较长时间的观察，要有计划、有耐心；观察时要积极思考，多问几个为什么。在观察的基础上，还需要同朋友、老师、家长交流看法，进行讨论。只有这样，观察才会对我们的学习和工作起到推动作用，帮助我们达成目标、实现自己的理想。

自然界的现象及变化是无穷无尽的，只要我们掌握了整体的、联系的、本质的科学观察方法，就可以以不变应万变，就可以克服局部地、孤立地、表面地看问题的错误。当然，要取得科学的观察方法并不是一件容易的事，但只要勇于实践，善于学习，不断积累和总结经验，就能取得成功。

超级链接

有的同学喜欢观察星空，并能长期坚持，同时会写出观察日记，这样就可以增长知识，打开思路。有的同学对植物很有兴趣，注意观察植物的生长过程，从播种、发芽，到开花、结果，并做了大量的观察记录。通过类似的观察，不仅可以培养学生的观察兴趣和持久的观察能力，也能提高他们对事物发展全过程的表达能力。

第七节　良好的观察能力是学习进步的保证

观察是一个人认识事物的重要途径，是完成学习任务的必备能力。没有敏锐的观察能力，就谈不上聪明，更谈不上成才。细致是培养观察的基本要求，准确是观察习惯的根本，全面是观察的基本原则，发现特点是观察的目的。

在青少年应具备的诸多能力中，观察力与注意力居于重要的地位。观察是一切工作和学习的开始。观察能力是智力的基础，是思维的"眼睛"，良好的观察能力是学习进步的保证。与"观察"紧密联系的心理现象是"注意"，二者不能截然分开。观察讲的是对观察对象的认识过程，注意讲的是观察者集中精力于某个对象上的状态。在现实生活中，没有离开"注意"的"观察"，也没有离开"观察"的"注意"，观察的不得法与注意的分散都是影响青少年学习效果的重要原因。所以，有意识地培养观察力和注意力，是青少年轻松学习和正常生活的重要保证。但在现实生活中，许多父母却不注意培养孩子的观察习惯，不注意提升孩子的观察能力。

培养孩子的观察习惯，对孩子的智力发展以及学习效果的提升是十分重要的。俄国生理学家巴甫洛夫说过："在你研究、实验、观察的时候，不要做一个事实的保管人。你应当力图深入事物根源的奥秘，应当百折不挠地探求支配事实的规律。”巴甫洛夫主张观察不但要准确，而且还应达到能透过现象看本质、力图深入事物奥秘的程度。

一些老师和家长常抱怨孩子太粗心，一听讲就会而一做题就错，其结论是孩子学习目的不端正，或者是学习习惯不良等，其实归根结底都是由于孩子的观察能力不强所造成的。他们虽和别人一样在听、在看、在读，但他们所获得的知识却是十分零碎的、片面的，有时当中还有许多错误。

观察能力在各学科学习中都是十分重要的。比如，在语文课、英语课的识字中，字形、字义之间的微妙差别，在观察能力较差的学生眼中往往一带而过，从而将其认错、记错；而观察能力较强的学生则不仅能抓住这些细微的差别，而且善于发现某些共同点，从而提高了理解与记忆的速度和准确度。

在写作中，有些学生由于对生活缺乏观察，很少注意身边的事情，头脑中没有感性材料的积累，总觉得“无话可说”，所以会勉强交差。最终的结果，不是套用、抄袭现成的句子，就是内容空洞，言而无物；然而观察能力较强的学生，由于头脑中有丰富的生活素材和真实感受，所以能够生动具体地对所要讲述的事物、事件进行生动形象的描述，并能展开丰富的想象，因而觉得写作是轻而易举的事。

在数学、物理、化学等课程的学习中，观察能力较弱的学生对于相关的概念、原理、算式总是分理不清，在他们的头脑中，这些东西简直是乱得一塌糊涂；观察能力强的学生则能很快把握各种空间关系和识别各种符号、算式、概念、原理之间的差异，发现相互之间的联系和变化，从而有利于理解和记忆。

观察能力达到准确无误并能透过现象看本质的“功力”，并非是一日养成的。比如，普通人认为是白色的墙壁，画家的眼里却认为是绿色的、红色的、蓝色的、黄色的……工程师能一眼认出墙壁的材质，检测员则能从建筑物的外形识别其结构。当你沾沾自喜地买到一件“十分满意”的商品时，商品质检员一眼就能看出它是一件参差品……

父母在鼓励孩子勤于观察的同时，还要注意帮助孩子善于观察。著名哲学家黑格尔认为，培养观察能力的最好方法是教他们在万物中寻求事物的“异中之同，或同中之异”。

一般来说，小学生在观察时能抓住观察对象的整体，但大多较笼统、不精确。他们还会经常忽略一些代表事物特征的重要部分和细节。而且他们观察事物的顺序比较零乱，眼光到哪里就随便看到哪里。在此阶段，父母和老师就应该帮助孩子纠正不良的观察习惯，教授他们正确的观察习惯和观察方法，以使他们在正确观察的基础上获得知识，提高学习成绩。

对于中学生来说，则应在具备一定素质的基础上，学习和掌握多种观察方法。以此将课本的知识和实际的现象相联系，用实际问题验证课本知识，从而在分析、综合、判断的基础上，加深对知识的理解和掌握，从而在考试中取得优异的成绩。

孩子在认知和情感上总有许多新奇的发现，总有神秘的感受。让我们从小培养孩子的观察能力，开启他们的心灵之窗，去发现生活中许多更为美妙的东西！

超级链接

要想让孩子有良好的观察能力，就应该培养孩子有计划地观察事物。

观察活动有内容繁简、范围大小、时间长短的区分，但都需要有计划地进行。一般来说，没有计划，效果不好，不利于提高观察能力。

观察有计划，是指在观察活动开始之前，先定好观察目的。比如，教孩子煮粥。就应该告诉他们放多少米，米怎么淘，锅里放多少水，大火烧多长时间，小火煮多长时间。孩子也可以先观察父母怎样做，然后自己一边学着帮，一边观察。

家长也可以支持、鼓励孩子种一盆植物，每天观察其变化，并写出观察日记。同时，在孩子的观察中，家长应给以指导。这样的观察活动，既有兴趣，又有丰富的内容，而且可以极大地提升孩子的观察能力。

第二章 观察者应具备的素质

观察是认识现象，获得知识的开始。在我们的学习和生活中，观察对学习成绩也有着不可忽视的影响力。要想更好地观察，首先应具备一定的素质。一般来说，细致认真的态度、敏锐的洞察力、集中的注意力、优良的习惯、浓厚的兴趣、必备的知识准备、丰富的经验、坚韧不拔的精神等方面的内容都是不可或缺的。

第一节 细致认真的态度

细致认真的态度，是保证观察活动正常进行、取得良好观察效果的前提。由于客观事物的复杂性，它的全貌、它的内在联系以及发展变化，并不见得是一目了然的，它往往需要观察者反复地、认真细致地观察才能达到一定的效果。

齐白石老先生是举世闻名的国画大师，他画的虾备受推崇，是一幅幅质体透明、触须若动的虾图，有略受微惊即会跃出画面之感。然而齐老先生画虾的杰出成就，是几十年潜心观察与磨炼的结果。他从年轻时开始画虾，苦练了几十年，已经到了惟妙惟肖的境界，但他却总因缺乏透明感而不满足。于是，齐老先生便在大碗里养了几只长臂虾，置于画案上，还常常用笔杆触动它们，让其表演跳跃的各种姿态，然后抓住瞬间的状态变化写生。齐老先生巧妙地将这些细心观察到的微妙变化融于画面之中，终于使他画的虾充满了生气，成为画坛一绝，令世人叹为观止。

由此可见，只有依靠细致认真的态度，才能获得丰富的、有价值的事实材料，可以在心中形成生动的印象，从而找出事物发展变化的规律。

其实，不仅艺术创作需要细致认真的观察态度，科学家、发明家的伟大成就和科技成果，在很大程度上都与细致认真的态度分不开。

年轻的中科院院士卢柯对纳米金属进行了深入的研究。纳米铜晶粒尺寸只有30纳米。由于他领导的研究小组观察得十分细致，结果他们在实验中观察到一种神奇的现象：发丝状的纳米铜的长度竟能从1厘米左右延伸到近1米，而其厚度却能从1毫米逐渐减少到20微米，这一研究成果被评为当年中国十大科技进展之一。

一般来说，青少年在观察事物时常常会出现走马观花、浮光掠影的情形，总是很难定下来耐心、认真、细致地去观察。因而这一时期家长和老师应帮助他们克服马虎、粗疏的毛病，养成认真、细致的习惯尤为重要。

例如，化学老师在讲到硫与铁的反应时，做了个实验：把少量的硫粉和铁粉的混合物装在试管里，加热到发红，然后立即把酒精灯移开，反应继续进行。

当老师问学生看到了什么时，一个学生回答：试管底部先发红，然后向上移动。显然，反应是从下往上进行的。

老师接着问：这说明了什么？

学生答：是放热反应。

老师又问道：你怎么判断是放热反应？

学生答不上来了。

为什么答不上来呢？因为在观察时，他只观察到红热现象从试管底部向上移动，而没有注意到红热一开始，老师就把酒精灯移开了。有的学生虽然看到了老师的这个动作，但误认为是老师为了节省酒精。其实，正是酒精灯适时移走后，反应仍然激烈地继续进行，说明了这是一个放热反应。

对于老师的演示实验，我们应该认真观察反应的过程，注意整个反应中某些仪器的使用情况，只有做到了认真的观察，才能对老师的问题做正确的回答，也才能在接下来的学习中将其消化理解、合理运用，而不是一知半解、似懂非懂。

只有反复观察，了解事物发展的过程，掌握事物变化的细节，认真地分析比较，才能抓住事物的特征。为了使学生养成认真、细致观察的习惯，应该注意加强观察目的性和耐久性的教育。学生之所以马虎、粗疏，这和他们观察时缺乏明确目的的支配以及浮躁的情绪有关。如果学生能够明确每次观察的意义，能够懂得每次观察将要达到什么样的目的，他们的主动性和自觉性就会增强，观察也就会认真、细致起来。也就是说，我们在进行观察时，要专心致志，对每一个细小的变化都不能放过。

超级链接

不细心就不能深入事物的细微之处，也就难以概括出事物的本质特征和变化规律。所以，观察细微、识别假象，周密思考、追寻真实，这样才能得到正确的结论。

第二节　不可或缺的好奇心

好奇心是人类的天性，是活力的保证，是一切创造的动力。毫不夸张地说，没有好奇心，就没有发明创造。居里夫人曾经说过："好奇心是学者的第一美德。"

人总是会对世界上的许多事物不知道、不懂、不理解，这种不知道、不懂、不理解引起人的好奇，于是才会去探索、去研究，才会有创新，才会有科学和社会的进步。

人们拥有好奇心，才会有探索的欲望，否则人类的发明、社会的前进步伐会随着好奇心的泯灭而止步的。比如，许多的伟大发明都是由人们的好奇心引发的。

英国科学家波义耳常说："要想做好实验，就要敏于观察。"我们首先来看看波义耳在好奇心的牵引下所取得的一个发明。

一次，波义耳在实验室帮同事往其他容器倒入浓盐酸时，一不小心把少许浓盐酸溅到了紫罗兰上。顿时，紫罗兰上冒出了轻烟。爱花的波义耳急忙把冒烟的紫罗兰用水冲洗了一下，过了一会儿，深紫色的紫罗兰变成了红色的。这个偶然的奇异现象引起了波义耳的注意，他觉得应该再进行一下实验。波义耳取了几个杯子，每个杯子中都倒了一点儿酸性溶液，然后往每个杯子中都放入了一朵紫罗兰。波义耳仔细地观察着。深紫色的花朵逐渐变色了，先是带点淡红，渐渐地，最后都变成了红色。波义耳高兴地说："不仅是盐酸，其他各种酸都能使紫罗兰变红！要判断一种溶液是不是酸，只要把紫罗兰的花瓣放进溶液就可以辨别了……"

这一奇怪的现象促使波义耳进行了许多花草与酸碱相互作用的实验，由此他发现了大部分花草受酸或碱的作用都能改变颜色，其中以石蕊地衣中提取的紫色浸液最明显，它遇酸变成红色，遇碱变成蓝色。利用这一特点，波义耳用石蕊浸液把纸浸透，然后烤干，这就制成了实验中常用的酸碱试纸——石蕊试纸。这一发现对化学研究具有十分重要的意义。

对于一些看似普通的事情，有的人却能因好奇心而取得一定的成就。

斐塞司博士总是在午饭后坐在门前晒会儿太阳。一天，天气晴好，一只母猫躺在地上晒太阳，懒懒的，似乎很舒适的样子。斐塞司博士突然发现，每隔一段时间，母猫都会随着阳光的转移而变换睡觉的场地和姿势。猫的这些举动唤起了斐塞司博士的好奇心——猫喜欢躺在阳光下，这说明光和热对它一定是有益的。如果光和热对猫有益，那对人是不是也有益呢？之后，斐塞司博士经过进一步的研究，发明了日光疗法，并因此获得了诺贝尔生理学或医学奖。

看似很平常的猫晒太阳这事件，却引发了斐塞司博士的好奇心，由此为人类做出了巨大的贡献。相反，若是没有这样的好奇心，那么，对于猫晒太阳的事件可能也就是生活中万千平常事件的一个而已。

由好奇心所引发的发现和发明的事例不胜枚举。在成才的道路上，兴趣是起点，爱好是行动，产生兴趣的直接原因就是好奇心。特别是青少年，好奇、好动、好学、好模仿，对许多问题都感兴趣，碰到新鲜的事物总想知道为什么，探索其奥秘。好奇心强的孩子能主动获取信息，善于探索新事物，从而可以很好地促进自身观察能力的提升。对于青少年来说，保持一颗探索、好奇的心，对成才很有好处。

第三节　浓厚的兴趣

俗话说："兴趣是最好的老师。"兴趣是观察能力的基础，观察能力是观察兴趣的发展，二者是相辅相成的。我们要通过提高兴趣来提高学生的整体素质，促进学生的全面发展。每个人在同一件事物的观察上会表现出不同的兴趣，观察到的事物的特点也不尽相同。因此，培养浓厚的观察兴趣是培养观察能力的前提条件。较强的观察能力往往与一个人的兴趣是紧密联系的。对于一个奇特的现象，毫无兴趣的人观察之后，只会有看到的结果；然而，有较强兴趣的人则会在观察的过程中有所发现，有所收获。

兴趣是推动人们学习的动力。为了锻炼观察能力，必须培养广泛的兴趣，这样才能促使人们津津有味地进行多样观察。对于中小学生来说，培养浓厚的观察兴趣尤为重要。兴趣是最好的老师，有了浓厚的兴趣，他们才会主动去认识事物，使观察活动始终处于积极状态。父母可以引导孩子观察他们最熟悉的、最喜爱的、特征比较明显的、容易辨认的事物，以此激发孩子积极观察的强烈愿望。

一个人如果对所观察的对象有浓厚的兴趣，他就会进行长期持久的观察，不会表现出观察的疲劳与厌倦，期间还可以提升观察能力。反之，如果一个人对所观察的对象不感兴趣，必然会过早地表现出观察的疲劳或是不耐烦，这样就无法提高观察能力。许多科学家之所以能进行持久的观察，在很大程度上得益于浓厚的观察兴趣。因此，要提高观察能力，就必须培养对观察对象的浓厚兴趣。对家长和老师而言，则可以从以下几个方面入手：

第一，抓住孩子爱追问的特点。

亚里士多德曾说："古往今来人们开始探索，都应起源于对自然万物的惊异。"一般来说，孩子求知欲旺盛，对新鲜的事物特别敏感。老师要抓住孩子爱追问的特点，引导其进行观察。

学生是一个好动且处处充满着疑问的个体，利用学生的这些特点，对其进行观察兴趣的激发，对目的的培养起着重要的作用。如从看图学文到看图写文，再到实地观察写文。例如，在学习《秋天》一课时，老师可以一边引导学生朗读课文，一边引导学生插图，让学生了解秋天是收获的季节，稻谷熟了；树叶黄了，从树上落下来了；天气凉了，燕子飞往南方。然后，引导学生观察《秋天》这幅图画，让他们说说秋天的景色是怎样的。后来，领着他们观察公园的秋景，进一步丰富学生观察的内容和兴趣。

第二，启动孩子观察的主动性。

家长应该经常带孩子到大自然中去，让孩子在尽情地玩耍中观察万物的变化。春天的嫩芽、夏日的鲜花、秋季的果实、寒冬的雪花，这些都会引起孩子的兴趣和思考。同时，家长在平时要指导孩子观察，开阔孩子的眼界，充实孩子的知识和生活。比如，让孩子观察家里养的花草、金鱼、小狗、小猫，晚上带孩子看星空，讲讲简单的星系……这样做不仅能使孩子从中学到知识，体验观察的乐趣，还能促使孩子多思考，从而培养和发展孩子的观察能力。

第三，多样化教具和手段的合理使用。

单一的教具和手段会给学生留下呆板的感觉，学生会逐渐对单一的教具和手段失去吸引力，降低对教具的观察兴趣。老师应该在课堂教学过程中根据教学的要求和实际情况，不断变化教具来提高学生的观察兴趣。电视、录像能发挥其逼真的效果，能激发学生的学习动机，引起学生观察的兴趣，使学生乐在其中。挂图、幻灯片、课文插图等，具有形象化、简明化、模式化的特点，便于学生理解和认识知识点，有利于调动学生的观察兴趣。

第四，不断变化观察场所。

青少年的观察兴趣不稳定，缺乏持续性。经常在同一场所进行学习，学生的观察兴趣的兴奋性会逐渐减弱。只有经常变化观察场所，才能不断引起学生观察的兴趣。老师可以根据学生的年龄特征，将课堂教学移到电教室、实验室、野外等场所，这对提高和巩固学生的观察兴趣可起到积极作用。例如，用玻璃管演示酒精和水混合后的总体积减小，以此说明分子间有间隙。用墨水滴在盛满热水的烧杯中观察扩散现象……这些现象生动有趣，不会让他们觉得枯燥无味。

超级链接

父母应尽量让孩子观察那些新奇、有趣、生动的事物，因为他们对这些事物都比较感兴趣。如果孩子对观察的事物不感兴趣时，父母应进行启发和诱导，激发孩子的观察兴趣。激发孩子的观察兴趣，应注意两点：一是，父母用语言和情绪感染孩子，促使其对周围的事物产生兴趣。比如，父母可以用神秘的表情、绘声绘色的语言、生动有趣的故事，激起孩子的观察兴趣；二是，创设观察环境。色彩鲜艳夺目的物体和会活动的物体更能引起孩子的观察兴趣。观察对象鲜明、清晰、生动、活泼，孩子观察起来好看、好玩，这样的观察不仅能使孩子兴趣盎然，而且印象也较深刻、牢固。

另外，在培养孩子的观察能力和提高观察兴趣的过程中，要重视对孩子的鼓励，对其观察能力的提高要及时肯定；在观察不成功时，要鼓励孩子增强信心，进行引导，不可挫伤其观察的信心和积极性。

第四节　丰富的知识

一个人的观察能力，总是同他已有的知识相联系的。如果一个人对某个领域或某个对象一无所知，那么他对该领域或该对象的观察就无法进行，即使勉强进行观察，也只是看看热闹而已。

做好必要的知识准备，是培养和提升观察能力的基础。观察能力的高低则与孩子的视野是否开阔有关。孤陋寡闻的孩子，缺少实践的机会，观察能力必然会受到影响。看到同样的现象，有的孩子能说出许多，有的孩子却说不上几句，这是什么原因呢？这与孩子的知识有关。知识学得扎实，道理融会贯通，观察问题就比较深刻。可以说，观察能力基于知识与经验，而知识与经验的丰富又会反过来促进孩子观察能力的发展。

观察能力强可以促进知识的获得，而丰富的知识，又可以提高观察能力，捕捉到一般人不易发现的重要现象，还能使观察不停留在感性认识的低级阶段。

我国宋代科学家沈括有一次经过太行山，看到许多蚌壳、海螺、大鹅卵石等，觉得很奇怪——这些只有在海底和海滨才能存在。经过细致的研究判断，沈括得出结论：高高的太行山原来是远古时代的海滨。沈括提出了华北平原是冲积平原的学说，建立了海陆变迁的理论。

在沈括之前，不知有多少人路过太行山，不知有多少人看到了同样的景象，可为什么他们没有沈括这样的伟大发现呢？主要是因为他们缺乏相关的知识。沈括具有丰富的海洋知识，所以他能通过观察到的现象产生科学的联想。事实说明，缺乏知识基础的观察，只是一种肤浅的、低级的、原始的观察，正因为如此，不知使多少有价值的现象从人们眼前滑了过去。

超级链接

只有当观察者有了丰富的知识，才能产生科学的联想，发现有价值的现象；只有当观察者对所获得的感知进行深入地思考，“把它的现象只看作入门的向导，一进门就要抓住它的实质”，才能将感性认识上升为理性认识，揭示科学规律。例如，在金属钠投入水中的实验中，我们看到金属钠在水中出现了“浮”“旋”“小”“球”四个现象，根据我们已掌握的知识，就可以得知：①钠的比重比水小；②钠和水发生了激烈的放热反应；③反应过程中，钠因与水反应而使自身质量变小；④钠因热而被熔成液态。

为了进行有效的观察，我们必须事前做好有关的知识准备，以便看得懂。我们在一定知识的基础上进行观察，才能产生丰富的想象，获得一定的认知，才有可能独立地进行观察，提高观察的效果。例如，如果学校将要组织参观历史博物馆，学生则应先查阅相关的资料，了解相关历史故事、名人逸事等。学生在了解了相关知识后进行参观，才会觉得参观活动有乐趣和意义，并会将自己的既得知识与历史博物馆的相关素材相印证，以此获得更高层次的认知和更深刻的理解。如果是参观自然博物馆，则需要先了解有关的动物、植物的常识，看有关的《动物世界》《植物世界》等方面的录像。学生在掌握了基本的知识后，在此基础上进行参观，才会有目的，才会理解相关的知识，否则只会是看热闹而已。

知识和良好的观察能力是辩证统一、互为因果的。一方面，良好的观察能力是我们获得丰富知识和经验的前提条件；另一方面，丰富的知识和经验又是我们提升观察能力的重要因素。一个人的观察总是与已有的知识联系在一起的。因此，在观察的过程中，我们必须充分利用自己已有的知识和经验，这不仅有利于观察的顺利进行，同时也有利于观察能力的不断提升。

培养和提升观察能力是一个循序渐进的过程，相关的知识准备是必不可少的。只有具备了一定的知识，学生的观察才会更顺畅，才会有所收获，才不至于徒劳。观察能力的培养与提升，必须建立在一定的科学知识基础上。我们不仅要具备本学科的知识，而且要掌握一些相关的学科知识。因为掌握多方面的知识，容易产生新的联想；富有观察经验的“内行”能从一个现象中看出“门道”，而一个“外行”却只能看看“热闹”；“识广”必须以“多见”为前提，但“多见”未必一定“识广”，关键是不断总结和自觉地积累观察知识和相关的经验。

超级链接

家长应多带孩子参观博物馆、动物园、公园，参加一些画展、音乐会等活动，丰富孩子的生活，扩大知识面。并且，家长要鼓励孩子多提问。比如，“天冷了水为什么会结冰”“自己是从哪里来的”“雨是怎样形成的”等。对于孩子的问题，家长应做到及时回答，及时解决，以此丰富他们的知识。千万不要认为这些问题太简单，不值得回答。如果是这样，会使孩子很扫兴，长久下去会逐渐挫伤孩子对周围事物的敏感度与思考能力。家长应该明白，当孩子提问时，正是孩子求知的好机会。鼓励孩子提问，就是为了培养孩子对事物的观察与思考。

第五节 事事都留心

事事都留心的人，善于观察的人，善于注意生活的人才能有所成就。

从前，有一个人觉得自己的画画得很好，尤其认为自己的牛画得不错。有一天，他得意洋洋地把一幅《斗牛图》给一个牧童炫耀。他原本以为牧童会以崇拜的眼光看他，并对他的画大加赞扬，或是请他为其画一张画。谁知，牧童看了画后却突然笑了起来。他特别诧异，问牧童为什么笑。牧童回答说："牛斗架时，浑身的力气都在牛角上，它们的尾巴不会左右摇晃，应该夹在屁股沟里的……"

他不相信，自己画了这么久的牛难道会有错！后来，他拿了一把青草故意惹两个牛争斗，想看看牛尾巴的变化，谁知结果正如牧童所言。他终于明白了，不是自己画工不好，而是缺乏对生活的细致观察，自己没有做到事事留心，只是凭着感觉画画，结果闹了个笑话。

要善于观察，因为只有这样才有可能发现常人所不能发现之处，或许会在某个领域有所成就。英国化学家、物理学家道尔顿不仅在化学、物理领域取得了杰出的成就，甚至在医学领域也有所建树，这一切都源于他的细心。

快过圣诞节了，道尔顿想给妈妈送个特别的礼物，经过一段时间的思考，他决定给妈妈送一双袜子——妈妈的袜子太破了。于是，道尔顿买了一双漂亮的"棕色"袜子。当妈妈看到袜子时，笑着说："傻孩子，我这么大年纪了，怎么还送我桃红色的袜子？不过我非常喜欢……”

道尔顿感到非常奇怪，袜子明明是棕色的，为什么妈妈说是桃红色的呢？疑惑不解的道尔顿拿着袜子又去问其他人，除了弟弟与自己的看法相同外，被问的其他人都说袜子是桃红色的。道尔顿对这件事没有轻易放过，他经过认真地分析比较，发现他和弟弟的色觉与别人不同。原来，自己和弟弟都是色盲。

道尔顿虽然不是医学家，却成了第一个发现色盲的人，也是第一个被发现的色盲症患者。为此，道尔顿写了篇论文《论色盲》，对造成色盲的病理原理进行了深入的探究。人们为了纪念他，又把“色盲症”称为“道尔顿症”。

事事都留心，人们才会在其中发现常人所不能发现之处。一壶水沸腾了，壶盖在蒸汽的作用下跳动着。常人眼里只看到水开了，但瓦特却从中观察到蒸汽的力量。于是，蒸汽机发明了，全球性的工业革命爆发了；对于浇花这件事，许多人常年都乐此不疲地忙碌着。常人眼里只能看到花儿灿烂，叶子浓绿，而医生邓禄普却在浇花时受到启发，发明了自行车轮胎……

对于中小学生来说，时时处处能够以观察的态度来看待周围事物才会有不同一般的收获。一个人如果平时就能留意生活，那么他就会逐步积累起观察的经验，遇到新事物他就必然会有敏锐而深入的洞察和判断。反之，平时不留意，只有用到时才去观察一下，即使观察得很用心，也会因为缺乏观察能力和平日生活经验的积累而达不到好的效果。

我们要养成平时留意生活的习惯，重要的是要将对事物的一般日常态度转换为观察的态度。这就需要克服对事物漠不关心、心粗气浮的毛病，凡事多以观察的目光去看一看、想一想。有的学校让学生写“观察日记”，有的学校让学生写“生活速记”，还有的学校在学生中开展“小记者”活动等，这些做法都会督促学生主动地关心自己身边发生的事情，促使他们去观察，去思考，并且最后把自己的所见所闻所思所感用语言文字记述下来。时间长了，学生就会以观察的目光来看待周围事物，养成留心观察生活的好习惯。当然，老师和家长应多加鼓励和引导，这对中小学生观察习惯的养成和观察、思维、语言能力的发展都有好处。

超级链接

“事事都留心”也可叫“随意观察”，就是随时随地进行观察。这种观察，从兴趣开始，出自感受，自始至终都处在自然、新奇和兴趣之中。比如，你在上学的路上，遇到一件突然发生的事情，就可以进行观察；你到公园里去玩，遇到一件自己十分感兴趣的事情，也可以进行观察；你到朋友家里去玩，突然发生了一件事，也可以去观察；你去买东西，遇到一件奇怪的事情，也可以观察……

第六节　敏锐的洞察力

眼睛是心灵的窗户，没有敏锐的洞察力，就不会有灵敏的思维能力、丰富的想象力和良好的记忆力，当然也不会有完整的记忆再现能力。洞察力是指深入事物或问题的能力，其实洞察力更多的是掺杂了分析和判断的能力，可以说洞察力是一种综合能力。

敏锐的洞察力就是在观察过程中，发现一般人不易发现或容易忽视的细节。杰出的科学家、发明家之所以能取得巨大的成功，在很大程度上都得益于敏锐的洞察力。

有一天，牛顿信步来到院中，坐在苹果树下思考问题。突然，一个苹果落了下来，正好砸在了他的头上，他摸了摸被砸痛的地方。这时，他想到：为什么苹果总是垂直落向地面呢？当把球抛向空中时，它为什么不一直向上升去，而总是向下落呢？经过一段时间的实验和研究，牛顿终于解答了这个问题，并由此推算出一个公式，即著名的“万有引力定律”。

一个普普通通的苹果落地，在常人看来是再正常不过的事，牛顿却能敏锐地观察到这一自然现象，并由此推导进而发现了万有引力定律。这说明，只有认真观察生活，动脑思考问题，才会发现奥秘。

敏锐的洞察力在生活中可以发挥极大的作用，可以帮助人们尽快解决问题。

一个埃及人在沙漠里与骑骆驼的同伴失散了，他找了大半天也没找到同伴。于是，筋疲力尽的埃及人坐下来休息。傍晚，埃及人遇见了一个商人。埃及人礼貌地问商人有没有看见他的同伴。“你的同伴是不是有点胖，还是跛子？”商人问，“他手里是不是拿着一根棍子，骆驼只有一只眼睛？”埃及人跳了起来，兴奋地说道：“是的，就是他。他往哪个方向走了？”商人回答说：“他往左边的道去了，但是我没有看见他。”埃及人睁大了眼睛，诧异地问：“你说得那么详细，怎么现在又说你没见过他呢?”

商人指着地上的痕迹,说:“我是从脚印看出来的。你看这些脚印,右脚的比左脚的大而且深,说明他是个跛子。我比了比自己的脚,他的脚印比我的深,这不说明他比我胖吗?而骆驼只吃右边的草,说明它只有一只眼睛,只能看到路的一边。”听完商人的话后,埃及人不停地点头,心里无比佩服商人的观察和分析。谢过了商人后,埃及人急忙沿着左边的道去找,果然找到了同伴。

由于商人敏锐的洞察力,使得失散朋友的埃及人沿着正确的方向找到了同伴。如果不对沙漠上的脚印进行一番观察分析,商人也很难断定什么样的人是埃及人的朋友。由此可以看出,敏锐的洞察力在生活中也能助人一臂之力的。

另外,敏锐的洞察力与一个人的兴趣往往是密切相关的。不同的人在观察同一现象时,会根据自己的兴趣而注意到不同的事物。例如,同在乡野,植物学家会敏锐地注意到各种不同的庄稼和野生植物;而动物学家则会注意到各种不同的家畜和野生动物。

敏锐的洞察力是与一个人的知识经验密切相关的。一个知识渊博、经验丰富的人,他在错综复杂的大千世界中,自然容易观察到许多有意义的东西。相反,一个知识面狭窄、经验贫乏的人,他面对许多被观察的对象,总有应接不暇的感觉,而结果什么都发现不了。

总而言之,我们在观察时除了具备一定的知识经验外,还应保持高度的警觉,仔细留意周围的一切情况,不要放过任何细微的变化、疑点。另外,切忌粗枝大叶,漫不经心。只有这样,我们才能有意想不到的收获。

超级链接

具备敏锐的洞察力往往能快速地发现问题、找到原因、掌握规律、预估趋势。敏锐的洞察力不是与生俱来的，也不是深不可测的，它可以通过后天的锻炼得到培养和提升。这种训练可以不受时间和地点的限制，随时随地用我们的眼睛观察和分析自然界的一切现象，并学会比较和鉴别，领会不同形象的特征，逐步加深对各种形象特征的认识、理解和记忆。

第七节　集中的注意力

在心理学领域，观察能力与注意力是相互联系、不可分割的。观察是对观察对象的认识过程，注意是观察者集中精力于某个对象上的状态。在现实生活中，没有离开“注意”的“观察”，也不会有离开“观察”的“注意”。

如果你到军事博物馆参观，在讲解员的带领下参观各项展品，忽然一个奇特的枪的模型出现在你面前，这时你就会仔细看这把枪，你的头脑就会随即转动。在这个过程中，实际上同时包含了“观察”和“注意”两个心理过程，因为你既是在“观察”枪的模型，又是在“注意”枪的模型。

注意是心理活动对一定对象的指向和集中，是强调在某一瞬间内的心理活动有选择地朝向一定的对象。我们常说的注意力集中，主要表现在注意持续时间和注意集中程度两个方面。比如，学生上课的时候，全部的心理活动都在指向老师的讲授，教室里其他的形象都会变得模糊不清。学生首先注意的是老师讲授的内容，而同时又排除其他事物的干扰。如果学生的注意力不集中，没有选择教学的重点、难点作为其注意的指向，那么其学习的效果就会较差。学生在课堂上做完整的笔记，就有助于保持注意的指向性和集中度。

注意的范围和被观察对象的特点有直接的关系。被观察的对象的特点不同，注意的范围就不同。一般来说，有意义的对象的注意范围要比无意义的对象的注意范围大。例如，对两组被测者进行实验观测，把一些汉字构成有意义的句子让第一组被测者记忆，把一些毫无联系的汉字拼凑起来让第二组被测者记忆，结果发现第一组被测者记忆的数目比第二组的明显多一些。

注意的范围不仅取决于被观察对象的特点，同时也取决于观察者的任务目的。当人们带着不同的任务对同样两组对象进行观察时，由于观察任务不同，观察的范围也不一样。例如，对于同样数目排列整齐有意义的汉字，第一组被测者的任务是只要求说出是些什么字，第二组被测者的任务是必须指出写法上的某些错误。结果发现，第一组被测者要比第二组记忆的汉字数量多一些。这是因为第二组的任务要比第一组的复杂，在这种情况下注意的范围就缩小了。

勤奋是一个人有创造性地工作的前提，不勤奋的人什么事也做不好。勤奋必须以能集中注意力为前提。注意力集中的程度决定着思维的深度和广度。为了提高我们的学习效果，必须扩大注意的范围，只有这样学习成绩才会有明显的变化。

超级链接

美国宾夕法尼亚州匹兹堡大学语言学教授斯特娜夫人日常很注意教育女儿，从女儿小时候起就开始训练她的注意力。斯特娜夫人最常与女儿玩一种叫“留神看”的游戏。每当路过商店的门口后，她就问女儿该商店橱窗内陈列的是哪些商品，让她说出留在记忆中的各种商品。说出的越多，打的分就越高。可喜的是，这样训练很有效果：当女儿5岁时，在纽约肖特卡大学教授们面前，她把《共和国战》朗诵了一遍后，就一字不差地复述了下来，结果令教授们大吃一惊。斯特娜夫人说：“我这样做，是为了让她注意事物，养成敏锐地观察事物的习惯。”

一个人集中注意力的能力既有生理因素，也有心理和环境原因。家长和老师不仅应该培养学生具备集中注意力的能力，而且应该营造出有利于学生集中注意力的环境。另外，对所学知识的兴趣是增强注意力集中度的重要因素。

那么，如何管理自己的注意力呢？对于每个学生来说，学会管理自己的注意力是极其重要的。其实，要做到学习时始终注意力集中是一件很难的事情，谁也无法做到每一堂课完全注意力集中地听下来。因此，要在学习时保持注意力集中，就要学会分配注意时间和放松时间。这包括自学时的自我调整，其时间间隔可以因人而异；也包括在课堂听讲时能够学会利用老师讲解知识的空隙放松自己紧张的注意力，并且要能够做到控制自己的注意力，随时回到老师的讲课重点中来。

俗话说："张弛有道。"只有充分地放松，才能高度地集中。这就要求我们在进行观察时做到适当的调节放松，一直地保持高度集中势必影响观察的效果，而且也很难保持，经常的结果是表象的集中。因此，我们要学会在学习中进行阶段性的放松，以此达到更加有效的学习状态。

超级链接

研究发现，人在感知同一事物时，很难长时间地保持高度集中的注意而不改变。例如，在听觉方面我们把一只闹钟放在耳边，其距离以能够隐隐约约听到滴答声为好。人们会发现有的时候可以听到表的声音，有的时候似乎又听不到表的声音；或者会感到表的声音一时强，一时弱。注意的这种周期性变化叫做注意的起伏。那么，为什么会出现注意的起伏？它是感觉器官对客观物体感受变化的结果。实验发现，人们对听觉刺激的注意起伏间隔时间最长，对视觉刺激的注意起伏间隔时间次之，对触觉刺激的注意起伏间隔时间最短。

第八节 坚韧不拔的精神

观察除了有细致认真的态度、浓厚的兴趣、丰富的知识、敏锐的洞察力、集中的注意力等素质外，还应有坚韧不拔的精神。因为观察并非一眼一耳、一朝一夕就会有所收获，但凡成功都是经过长期的观察而有所收获的。

要想取得一定的成就，观察时就需要具有忘我献身、吃苦耐劳的精神。马克思曾说过，“在科学的入口处，正像在地狱的入口处一样，必须提出这样的要求：这里必须根绝一切犹豫，这里任何怯懦都无济于事”。的确，只有这样，才能捕捉到事物的本质规律，才能真正有所收获。

高强很喜欢鸽子，一到假日他就会去广场看鸽子。后来，在父母的同意下在家养了几只鸽子。鸽子的加入，给高强带来了许多乐趣。此后，高强天天观察鸽子，并将相关的信息认真地记录下来。

几个月后，父亲想对高强这一段时间的观察能力进行检查，于是就询问了关于鸽子生长发育、饮食、生活习性、哺育幼子等问题，高强都对答如流。父亲高兴地拍了拍高强的肩膀，说他观察得很仔细，并对其进行了鼓励和奖赏。

关于鸽子的一系列问题，如果高强没有在饲养的过程中进行坚持不懈的观察，是不可能真切了解鸽子的生长状况及其生活习性的。

大家都听过“守株待兔”这则寓言吧！在这里我们要说的不是那个可笑的农民，而是从这则寓言引起的一个科学上的发现。大多数人听到这则寓言后都会一笑了之，然而一位细心的生物学家却没有放过它。他想：“为什么兔子会撞到树上去呢?”后来，他查阅了大量的资料，经过长期不断的研究，终于得出了结论：兔子的眼睛长在两侧，两眼所成的像并不能完全重合，在它的正前方有一小片“盲区”，当它被敌害追踪时，完全有可能“慌不择路”，撞树而死。由于生物学家对“兔子撞树”这件事的认识没有停留在表面，而是经过努力钻研使得其“撞树”的缘由得以解开，所以他取得了非同于常人的认识。

名人名言

任何人只要注意观察和坚韧不拔，便会不知不觉地成为天才。

——英国文学家　布尔沃·利顿

对周围的事物进行坚持不懈地观察，潜心研究，才会获得意想不到的收获。反过来，如果粗心大意、不能坚持，到头来只会一事无成。有人在观察中，遇到复杂的或是难于解决的问题时，便会停止观察，结果常常功亏一篑。

小郑大学学的是医学专业，毕业后在当地的一家医院工作。刚开始，他还踌躇满志地想要有一番作为，想刻苦钻研取得一定的成绩。但是日后的工作中，他不是嫌这个研究麻烦，就是嫌那个实验费时间，总是不能对一个项目进行长期钻研，因而在任何项目上都没有收获，当然也就谈不上出什么成绩了。

我们在观察的过程中，应努力克服所遇到的各种障碍和困难，把观察进行到底。而观察能力正是在这种“锲而不舍”的过程中得到锻炼和提高的。坚韧不拔的精神在观察的过程中是不可或缺的，有了正确的观察对象只是万里长征迈开了第一步，只有克服一切困难，长久地坚持下去才会取得成功。

超级链接

花的颜色可以刺激人的感觉器官。不同的颜色会对人的神经系统起不同的刺激作用。例如，红色、橘色、黄色的花，会使人产生温暖、兴奋的感觉；白色、蓝色的花，可以给人以清爽、恬静的感觉；绿色可以解除人的焦虑，使人情绪稳定，而且常看绿色植物还有利于消除眼睛疲劳、缓解精神压力以及调节不良的情绪。

不同的花香，也可以使人的情绪发生不同的变化。紫罗兰和玫瑰花的香味，使人有爽朗、愉快的感觉；桂花的香味有助于消除疲劳，使人感到如释重负；茉莉花的花香能提神醒脑，使人感觉轻松舒适；丁香花的香味则能使人安神沉静；水仙花和荷花的香味清幽高洁，使人感到温馨清逸……

然而得出这样的结论，并非一两天就能感受出来的，必须要经过长期的观察和感知。

在观察中感知生活，在生活中学会观察。那么，让我们赶快行动吧！养一种植物，养成持之以恒的观察习惯。

第九节　良好的心理素质

良好的心理素质的建立是观察成功的重要保障。在具体的观察过程中，应尽量克服不良的心理因素，如不能积极主动地进入观察角色、不用心观察、难以调整自己的情绪等。我们应一切以观察对象为出发点，而不要把个人的意志强加于观察对象上。我们要有勇气正视现实，更要有勇气正视自己，只有做到这一点，才能有良好的观察效果。

第一，积极主动地进入观察角色。

在进行观察的时候，我们应该有意识地引导自己的思维面向观察对象。不注意观察对象，不能积极地进入观察角色是无法进行有效的观察的。

英国发明家詹姆斯·哈格里沃斯当年只是一个普通工人。他既能纺织，又会做木工。妻子珍妮是一个勤劳善良的纺织能手，她总是一天忙到晚，然而纺的纱却不多。哈格里沃斯每次看到妻子既紧张又劳累的样子，总想把那老掉牙的纺车改进一下。他在日常的生活中也没有放松对纺车的观察与琢磨。

一天，哈格里沃斯不小心碰翻了家里的纺车，原来水平放置的纺车锤变成了垂直竖立，但仍在不停地转动着。这使他得到启示：既然纺锤竖立时仍能转动，要是并排使用几个竖立的纺锤，不就可以同时纺出好几根纱了吗？他立即动手进行改进，终于制成装有8个纺锤的新式纺织机，并将它命名为“珍妮纺织机”。这项发明比旧纺织机的效率高几十倍，并被恩格斯称为“使英国工人的状况发生根本变化的第一个发明”。

第二，用心观察，不受外界干扰。

在观察的过程中，我们应做到用心观察，认真分析、比较，思考事物的来龙去脉，不能因外界的干扰而影响观察或是停止观察。要想取得一定的结果是离不开用心观察的，反之，只能是“竹篮打水一场空”。

中秋节那天，老师留的作业是晚上观察圆月，然后写下观察记录。晚上，刘艳站在窗前，不是打电话就是听歌，要么就是看看楼下过往的行人。才站了没多久，她就觉得自己已经观察够了，就写了观察记录。隔天交了观察记录，她还想着肯定会受到老师的表扬。不料，放学后她却被老师叫进了办公室。老师语重心长地说：“你中秋节晚上观察圆月了吗？”刘艳诧异：“观察了呀！”老师拿起她的作业本，说道：“没听过‘月明星稀’吗？中秋节的晚上怎么会是漫天的繁星？”刘艳惭愧地低下了头——观察记录是自己凭着“感觉”写的。

刘艳没有用心观察，就凭自己的想象写出了观察笔记，以致受到了老师的批评。这样的观察，既没有什么效用，又浪费了时间，值得我们反省。

名人名言

在观察领域，机遇只偏爱那种有准备的头脑。

——法国微生物学家、化学家　巴斯德

第三，及时调整自己的情绪。

有的人在高兴的时候就有兴趣观察，情绪低落的时候就会心情烦躁，观察不下去，甚至在某种特殊情况下，由于心情紧张而根本无法进行观察。研究者对一些科学家和发明家进行了调查和观察，发现他们一般都有较强的自控能力，能及时调整自己的情绪，保持情绪稳定、不忽冷忽热，在遇到困难时能坚持下去，不达目的，决不罢休。

要想进行有效的观察必须及时调整自己的情绪，用眼看后，大脑还应进行一定的思考，不良的情绪是会影响人们的思考的。

周日，小张去植物园观赏植物。路上，他骑车时不小心与别人发生了碰撞，并发生了争吵。之后，他照例来到了植物园，然而自己没有心情观察任何植物了。所有的叶子和花都提不起他的观察兴趣，转了没多久就回家了。回家本来想写一下自己的观察日记的，然而提起笔却什么也写不出。

由于坏心情的影响使得小张的观察泡汤了，到植物园白跑了一趟，什么收获都没有。试想，如果小张能及时调整自己的心情，那么，应该不会毫无收获的。

超级链接

一些复杂的事物，一些事物所表现出的复杂的或缓慢的变化，经常需要我们进行反复的观察，甚至长期的观察。这需要我们有顽强的毅力，并为之付出艰巨的努力，这都需要一定的耐心。

第三章 如何更加有效地观察

人的观察能力有强有弱，这是客观存在的事实。然而这种强与弱的差异不是与生俱来的，更不是一成不变的。我们可以采取一些技巧来更加有效地观察，如观察对象的正确选择、确立明确的观察目的、制订观察计划方案、选择最佳的观察位置、做详细的记录、多种感官协同观察、理论与实践相结合等。通过这样的准备或调整，我们才能更加有效地观察，相信不久我们也能取得傲人的成就。

第一节 观察对象的正确选择

观察不是随随便便、漫无目的的活动，它不同于一般的观光，更有别于漫不经心地观看。我们在观察事物之前应该对观察的对象正确地加以选择，不是随便哪一个都是可以的。当我们在进行感知活动时，如果没有明确的观察对象，逮着什么是什么，那只能算作是一般的感知活动，不能称之为观察。况且，这样的随意观察既凌乱又盲目，难以做到全面、深刻、准确，结果也往往似是而非。

众所周知，一个科学的观察步骤需要确立一个明确的观察对象。其实，我们在平时的观察活动中要想获得高效的观察，也要注意确立具体、正确的观察对象。一个明确的观察对象是成功观察的开始，它关系到观察的敏锐性和能否在观察中集中注意力。

大千世界，我们不可能对任何事物都进行观察研究，只有对众多事物进行选择，才能发现事物的本质。如果“胡子眉毛一把抓”，就会“捡了芝麻丢了西瓜”，如此循环，最后收获不大，甚至是一无所成。比如，我们要对一个人物进行肖像描写，那么就要注意观察描写对象的身形体貌。如果要描写一个人的性格特征，那么就要多注意他的言行举止，而不能把重点放在具体长相上。那样即使你发现此人具体的身高和发型，对你的文章也没有多大的用处。

一般来说，我们要进行高效的观察，就应首先选择“典型”对象进行观察。所谓典型对象，是指确定的观察对象典型。因为选择典型的对象，更易于揭示事物的本质规律。

美国实验胚胎学家、遗传学家摩尔根，从1909年开始选择果蝇作为研究遗传现象的实验对象。这是因为果蝇染色体是遗传的主要物质基础，果蝇的染色体很简单，每个细胞只有四对，易于观察；果蝇的生活史为两周，生殖力很强，每对亲本可以繁殖上百甚至上千个后代，它们会产生很多遗传变异。由于摩尔根正确地选择了观察对象，因此，他从“捷径”把孟德尔的遗传规律推向前进，创立了遗传学的基因学说。

明确观察对象，善于从复杂的环境中将观察对象突现出来，即根据一定的目的和任务，对观察对象进行选择。英国物理学家法拉第观察实验时，首先总要从纷纭复杂的事物中有针对性地观察最主要的东西，对无关紧要的事物“视而不见”，从而有所发现、发明。

当时，法拉第也认识到电是一种很有用的东西，伏打电池虽可以获得稳定的电流，但价钱太昂贵。法拉第想：既然由电可以产生磁，为什么不能由磁而产生电呢？一天，法拉第拿起磁铁，慢慢地把一端靠近线圈，身边的电流计没有摆动，他灵机一动，把磁铁插入线圈里，突然指针奇迹般地摆动了一下，然后又回到零点。开始，他以为自己看花了眼，想再试一次，于是把磁铁从线圈中拔出来，不料，往出一拔，指针是向相反方向摆动的。

为了进一步弄明白自己看到的现象，法拉第在两条磁棒的南北两极之间放了一个绕有线圈的圆铁棒，线圈与一个检流计连接，他发现当圆铁棒脱离或接近两极的瞬间，检流计指针就会发生偏转。法拉第又在一个空心纸筒上绕了8层铜线，并联各层线圈后再接到检流计上，他发现当把条形磁铁插入和拔出线圈时，检流计指针同样会发生偏转。法拉第先后做了几十个实验，终于实现了由磁向电的转化。

法拉第并未在成功面前停下脚步，他继续探索，经过反复分析、比较，终于总结出电磁感应定律。

超级链接

在课堂学习的过程中，学生明确了观察对象，才能培养和提升他们的观察能力。学生确定了观察对象，才能做到心中有数，能够及时进入观察的意境。避免观察过程中出现的随意性、盲目性。观察目标的明确还能激发学生观察的积极性，增强观察的信心。

第二节 确立明确的观察目的

目的是行为的预期结果，目的是进行观察的前提，直接关系到观察的效果。不管是观察还是做其他事情，都要有明确的目的；事件没有出现之前，就有所预见，按预见行动。如果按事物的现状行动，就谈不到目的性，观察就只能停留在事物的表面，而不能全面、深刻、准确地认识事物。

观察的目的性是有效观察区别于一般泛泛感知的标志。没有目的性的观察，只能是随随便便地“看”。许多人在观察事物时，漫无目的，他们观察过的事物如过眼烟云，脑子里没有留下丝毫印象，因而没有什么收获。所以，使观察具有明确的目的，是进行观察的首要条件。

对一个事物进行观察时，要明确观察什么，怎样观察，达到什么目的，做到有的放矢，这样才能把观察的注意力集中到事物的主要方面，以抓住其本质特征。有目的的观察才会对自己的观察提出要求，获得一定深度和广度的锻炼。反之，你的观察能力就得不到锻炼。只有带着目的性的观察才是有效的观察，才能获得一定的观察结果，并且能快速提升自己的观察能力。

一般来说，低年级学生能够进行一定主题的观察，但很随意、常随着兴趣的变化而变化。高年级学生观察的目的性和有意性有了明显的提高。他们能够在成人的指导和要求下，排除一定干扰，从观察对象中选择出基本的、重点的、主要的方面，主动地进行观察，使观察的有效性提高。在开展观察活动前，老师要把观察的对象、范围、要求、步骤等交代清楚，越具体，收获越大。在观察时，学生只有明确了观察的目的任务，才能集中注意力把知觉导向一定的对象，使观察成为独立、主动、积极的认识过程。

超级链接

观察目的是根据观察任务和观察对象的特点而确定的。为了明确观察目的，应做大略的调查和试探性的观察。目的不在于系统收集材料，而是掌握一些基本情况，了解观察对象的特点，以便确定通过观察需要获得什么材料、弄清楚什么问题，然后确定观察范围，选定观察重点，具体计划观察的步骤。

观察目的越明确，孩子的注意力就越集中，观察也就越细致、深入。做到有的放矢，这样才能把观察的注意力集中到事物的主要方面，以抓住其本质特征。孩子在观察中，有无明确的观察目的，得到的观察结果是不相同的。比如，父母带孩子去动物园，漫无目的地转了一圈，回到家里，孩子也说不清看到的动物。如果要求孩子去观察动物园里的猴子，那么，孩子一定会仔细地说出猴子的体型、身体的颜色、眼睛的大小、声音的高低等。

对于老师来说，应确定符合学生年龄特征的观察目的，激发学生观察的兴趣。首先，在观察前要针对学生在观察中盲目性强的特点，向其交代清楚观察的对象、范围、目的，使学生注意力集中，做到有的放矢。比如，学习《猫》一课后，可以用课文中学到的方法指导学生观察小狗，并提出“从头到尾仔细观察小狗有哪些特征；用自己的话说出它的外形特征，并写一段话”的具体要求。这样做能促使学生在观察时目的明确，从而提高观察效果。其次，要选择与学生生活贴近的、熟悉的、感兴趣的事物为观察对象，这样便于引导观察和培养兴趣。这样的观察活动可以循序渐进地开展，这样学生的观察能力才能逐步提高。

需要注意的是，对于观察目的的确定，低年级学生的观察重点应该放在观察习惯和观察顺序上；高年级学生的观察重点应放在对事物的分析比较上。比如，指导低年级学生观察动物特征时，可以抓住头、躯干、腿、尾等，从形状、颜色、姿态逐一指导；观察某处景物时，可以提出要求和注意点，放手让学生自己去观察，然后相互讨论，最后由家长或是老师加以点拨，写出观察记录。而对高年级学生可让他们选择好观察对象，拟好观察提纲，让他们独立地进行观察和写作，同学间进行交流，老师给予适当的点评。

生活中，很多信息都在向你袭来，要观察的对象很多，如果没有明确的观察目的，你就会觉得“眼花缭乱”，不知该观察什么好，而且繁多的事物还会分散你的注意力。

比如，学生在做实验时，如果没有明确的目的，就只会去看他们喜欢的东西，而忽视应该观察的事物。所以，老师在组织学生进行实验、参观、调查等活动时，首先要告诉学生其目的是什么，要完成哪些任务。只有把活动的目的、任务向学生交代清楚，才能使学生在活动中集中精力、有选择地进行观察，才不至于主次不分、顾此失彼。

超级链接

家长应指导孩子明确观察目的，养成观察习惯。明确观察目的，包含两层意思：一是教育孩子树立观察的意识，认清观察对于发展自身智能的好处；二是教育孩子在观察任何事物时，都要有明确的目的，即观察什么，为什么观察。

平时在家里或是外出，可以随时确定一种观察对象，进行有目的的观察。比如，观察一件工艺品的颜色、外形、特点、制作水平；观察做饭的全过程；观察树木、花草、河流；观察一座建筑；观察过往的行人……为了提高观察效果，还可以边观察边用语言描述。家长与孩子还可以互相评议，看看观察得仔细不仔细，描述得准确不准确。

第三节　制订观察计划方案

计划是我们做事的一个指导，制订周密的观察计划，就能避免观察的盲目性。这一方法多用于事先定好观察对象的作文写作前的观察活动中。不要担心自己制订的计划不周全或完不成制订的计划，这些都可以在观察实践过程中不断地修正、补充。这样，经过反复地练习，就可以制订出越来越周密的计划来。

一个周密的计划方案，是观察有系统、有步骤地进行的有力保证。在观察活动中，即使有了一个明确的目标，如果没有切实可行的计划，观察活动也会无从着手，一筹莫展，结果也可能是收获不大，甚至是徒劳。因此，在选择了观察对象、明确了观察目的后，就要着手制订观察计划。观察计划具体包括：观察对象、观察时间、观察地点、观察范围、观察次数、观察步骤、观察手段、观察方法、达到什么目的、按什么顺序进行观察等方面，都要有计划地妥善安排，从而面对事物时才能稳而不乱，系统地进行观察。如果在观察时毫无计划、漫无条理，那就不会有什么收获。

当然，针对不同的观察活动的性质，计划可以详细，也可以稍简略些；可以采用书面方式形成文字，也可以保留在头脑中。关键是要养成制订计划这个习惯，对观察活动的内容、步骤了然于胸。一般来说，长期的、系统的观察活动，应该有一个书面的、比较详细的计划方案；短期的、零散的观察活动，只要在脑海里有个粗略的计划就可以了。另外，还要注意的是，在开始学习观察的时候，要掌握观察的技巧和方法，应该有一个周详的计划，才能在观察中从容不迫，不至于“不知从何处入手”的尴尬局面发生。

对于中小学生来说，在观察能力的培养过程中，必然要有老师的具体指导。其中除了课堂教学时，随时提示观察对象、观察内容和注意事项之外，还应使学生建立通常进行观察时的一般行为模式。比如，在对某个实验进行观察时，就有如下各模块间的程序体系需要注意。

首先，在实验前了解实验的意图，这样可以决定观察的重点，并确定相应的观察计划。实验的意图可分为：概念和原理建立的实验；制法实验；性质实验；鉴别、鉴定实验；分离、纯化实验；操作技能实验和实验设计等，对上述各类实验进行观察的侧重点也有所不同。比如，在制法实验中，主要观察制备、收集的仪器选择和装置中仪器的连接，以及操作时的注意事项。对于性质实验来说，则应侧重观察反应物、生成物的性状，反应条件和反应现象。

有了观察行为的一般模式，就有利于进行计划性观察，提高观察效果和观察能力。然而，上述的模式并不能完全取代观察计划的制订。为了培养学生准确、全面、有效地进行观察，应指导学生在观察前制订观察计划，其中包括：目标、程序、方式、方法、要求、处理、反馈等。

在观察前，对观察的内容做出安排，制订周密的计划。观察贵在全面细致。这就要求学生在观察活动中拟定周密的观察计划，有步骤、有计划地进行，去获得知识，有所发现。相反，如果东看一眼，西听一声，蜻蜓点水，走马观花，是不会获得什么结果的。

制订周密的观察计划，是提升观察能力的保证。在确定了观察目的，有了明确的观察任务之后，还必须拟定出周密的观察计划，去完成这个任务，这样能预见被观察现象的各个方面，避免观察的盲目性。

不管采用哪一种形式的观察，观察前，都应有明确具体的观察目标与目的，制订详细周到的观察计划，拟定严谨系统的观察提纲。一般来说，当观察活动主题确定后，就可根据观察的全面性和可重复性确定观察的内容，并通过表格等形式对拟观察的内容及进程做好安排，制订观察计划。更重要的是，计划要结合具体主题活动进行，偏离主题的计划不会使观察的效果得到提升，反而会阻碍和干扰观察的顺利进行。只有切实可行的计划，才能达到一定的观察目的，取得一定的观察结果。

超级链接

在前期工作准备充分后，我们就可以按照计划实施观察活动。在观察过程中，力求按计划完成所确定的内容，具体操作过程中出现未考虑到的因素时，应对计划做适当的调整，并对观察到的现象进行及时、客观的记录。学生在进行观察时要注意将一切可能对研究产生影响的现象都认真记录下来，以备后期的研究和思考时参考运用。

第四节　选择最佳的观察位置

除了观察对象的选择、观察目的的确立、观察计划的制订外，选择最佳的观察位置也是不可忽视的。正确合理的观察角度可以得到全面的、正确的事物本质规律的反映，而错误或是不佳的观察角度只能得到片面的、错误的结论。

在很久以前，有一个国王名叫镜面王。他信奉佛教，每天都拜佛诵经，十分虔诚。可是，当时国内有很多神教巫道，多数臣民被他们的说教所迷惑，很不利于国家的治理。镜面王很想让其臣民们都皈依佛教。于是，他就想出了一个主意：用盲人摸象的现身说法教育诱导他们。

镜面王吩咐手下找了一些盲人到王宫来。侍者很快就凑集了一群盲人，带领他们来到王宫。镜面王说："你们去牵一头象，送到那些盲人那里去吧！"许多臣民听到这个消息都十分好奇，不知道国王今天要做什么事，因此，大家都争先恐后地赶来观看。

镜面王召集所有的大臣和数万平民聚集在王宫前的广场上，沸沸扬扬的人们交头接耳、议论纷纷，谁也不知道国王将要宣布什么重大的事情。不一会儿，侍者领着盲人们来到了镜面王的高座前，广场上顿时安静了下来。

镜面王向盲人们说道："你们都摸摸大象，然后说说它长得是什么样子？"

摸到大象腿的盲人首先说："大王，大象是一根柱子。"

摸到大象尾巴的盲人说："不，是一根绳子。"

摸到大象身子的盲人说："不对，是一堵墙。"

摸到大象耳朵的盲人说："你们都不对，是一把大蒲扇。"

四个盲人吵吵嚷嚷，争论不休，都说自己正确而别人说得不对。

这时，在场的臣民见此都大笑不止。镜面王笑着说："你们没有摸过象的全身，自以为是得到了象的全貌，就好比没有听见过佛法的人，自以为获得了真理一样。"

由于四个盲人摸的位置不同，所以对大象的感受也就不一样，由此得到的是对大象形体的片面印象。延伸开来，就是观察位置选择的不合理，所以导致了片面的观察结果。

只有选择最佳的观察位置，才能取得更理想的观察效果，获得更科学的观察数据，能使观察事半功倍。

比如，天文学家要观察太阳的振荡期，在什么地方观察为好呢？

1960 年，美国天文学家经观察发现，太阳有大约 5 分钟左右的振荡周期；1976 年，苏、英两国天文学家经观察发现，太阳有 160 分钟的振荡周期。那么，到底谁的说法正确？要进行太阳周期震荡的观察，必须连续对太阳观察几十个小时，而且太阳不会“落下去”，这样取得的观察数据才有说服力。如果是这样的话，只有将南极作为观测地点最为理想，因为那里有半年的白昼。于是一批美、法天文学家于1979～1980年在南极进行了观测。他们连续观察5整天计120小时，获取的资料初步表明，太阳不存在160分钟的振荡周期。

选择正确的观察位置，才能获得理想的观察结果。否则，错误的、片面的结论会使接下来的实验研究偏离方向，自己的观察白忙一场。

第五节　抓住现在，立即行动

从前，兄弟两人外出打猎。有一只受伤的大雁低飞着从两人的头顶飞过。哥哥急忙拉弓瞄准大雁，同时高兴地说：“雁射下后，一定要煮着吃。”弟弟一把拦住哥哥，说道：“煮着吃不如烹着吃。”哥哥面向弟弟说：“煮着吃味道鲜。”弟弟反驳道：“烹着吃味道美。”两人争得面红耳赤，口干舌燥，最终也没达成一致。于是，他们一起到村里请教一位老人。老人说：“射下来后一半煮着吃，一半烹着吃。”兄弟两人高兴地谢过了老人，赶回发现大雁的地方。可是，大雁早已无影无踪了。

虽然“射雁”与“讨论怎样吃”都是必须做的两件事，但前者需要时机，应立即行动。显然，当大雁飞过的时候，兄弟二人理应先将其射下，然后再商量怎样吃。可惜他们不懂得这一点，所以没有尝到美味。

这个故事说明，做任何事情都必须抓住机遇。世界上既没有丧失时间的事物，也没有离开空间的时间。当事物产生某种便于我们开展工作的条件时，也就是人们常说的有利时机。有利时机不同于一般意义上的时间，把握时机既不能提前，也不能错后，它要求我们善于当机立断。

时机之所以宝贵，是因为事物本身始终处于永恒的变化之中。与事物特定状态相联系的时机，就不是一种凝固化的时间，而是呈现出稍纵即逝的特点。所谓“机不可失，时不再来”，就是这个意思。其实，在我们的日常观察中，遇到时机也应立即行动，稍有怠慢就会后悔莫及的。

机不可失，贵在及时把握。时机来自于偶然，发现它既取决于我们的勤奋思考，也取决于我们的知识水平和认识能力。否则，即使时机在眼前，我们也会与之失之交臂。生活中缺少的不是机遇，而是发现。我们需要反省的是，自己是否具有敏锐的观察能力和超强的思考力，当机遇到来时，能否及时发现它，并立即采取行动抓住它。

观察容不得半点拖延，拖延会侵蚀人的意志和心灵，消耗人的能量，阻碍人的潜能的发挥。处于拖延状态的人，常常陷于一种恶性循环之中，这种恶性循环就是：拖延—低效能—拖延。如果在观察的过程中，立即动手，就很容易取得成功，否则不是没有结果就是成功被别人摘取。

世界上第一批邮票于1840年在英国诞生以后的十多年里，邮票的四周是没有齿孔的，每一枚都得用剪刀剪下来，很麻烦。然而一位有心人发现了这个问题，立即着手，并取得了成功。

发明家阿切尔在一个偶然的机会看见一个人用别针在每枚邮票的连

接处刺小孔，之后，邮票就很容易、很整齐地被撕开。阿切尔被那个人的举动吸引住了，他想：单凭这个人慢慢刺太麻烦了，如果把那个人的动作变成机器的动作，让所有的邮票都很容易撕开，这样岂不是更高效。阿切尔立即着手进行研究，经过一次又一次的改进，1847 年他发明了世界上第一台邮票分剪设备。最初，这台设备只能裁剪邮票。一年后，阿切尔对这种机器进行了改进，制造出了能打一排小孔的穿孔机，世界上第一架邮票扎孔机终于研制成功。后来即向世界各地邮局推广。这种扎孔机一直沿用到今天。

阿切尔对于自己观察中的想法立即行动，不久就取得了成功。反之，要是其想法一直没有动手实践，一直拖延下去，结果就不得而知了。说到底，拖延就是惰性的纵容，一旦养成这样的习惯，人们将会陷入万劫不复的深渊。拖延会使观察的想法变得犹豫不决；会使观察之后不行动变得借口众多；也许会使人的正常观察变得毫无意义。

名人名言

我既没有突出的理解力，也没有过人的机智，只是在观察那些稍纵即逝的事物并对其进行精细的观察的能力上，我可在众人之上。

——英国生物学家　达尔文

第六节　做详细的观察记录

我们在观察的过程中，要把观察到的现象认真地记录下来。这是为什么呢？因为由观察得到的感性认识不一定能立刻上升到理性认识，原因如下：自己的知识和能力水平低，观察到的感性材料不多，还需要继续积累。观察只是一种手段，认识事物，获得感受，并把自己对事物的认识、感受表达出来才是目的。因此，通常需要把观察所得先记下来，以便将来进一步研究时使用。并且，有时观察到的现象很复杂，数据很多，光凭记忆很不可靠，所以应先记下来以备后用。

我们凭记忆留下的印象，由于各种因素的影响很多难以保证准确。所以，观察时要及时、准确、具体地进行记录。最好事先制订好记录表格，这样可以节省记录时间并有利于集中注意到观察的对象上。

近代天文学创始人丹麦天文学家第谷临终时，把他一生中观测的750颗星辰的全部资料和底稿交给了学生开普勒。开普勒在第谷的研究基础上提出了地球行星三定律，该定律成为牛顿发现万有引力的基础。可以毫不夸张地说，如果第谷不把花了大量时间和艰苦劳动获得的观察结果记录下来，供后人研究，那么，就会延迟开普勒定律的发现，而第谷一生的辛劳也将付之东流。

我国著名的科学家竺可桢，从1936年开始记气象观察记录，一直记到去世前一天，40多年天天坚持记，一共记了40多本，这些观察记录成为气象研究的宝贵资料。

科学事业要保持连续性，记录观察结果可以保证自己或他人把观察或研究继续下去。对于中小学生来说，能在平时认真地做观察记录，这无疑对提升观察能力、语言表达能力和思维能力都很有好处。

观察中，如果对于观察的对象只是看在眼里，想在心里，不能把自己所观察到的情形和自己的感受用语言准确地表述出来，那就达不到观察的要求。我们在观察时应尽量从自己的语言库里挑选最确切的词语，或形容，或比喻，或描述，或说明，能够将自己的所见所感用语言再现出来。养成语言表述的习惯，才能使得观察上升一个台阶。否则，即使观察到了事物的本质规律，因无法用语言准确表述出来，还是一样不利于研究的进一步开展。

外界的事物千姿百态，而且千变万化，有些事物的形态、特征以及观察者头脑中闪现的念头等，不会永久地保存在记忆中，所以古今中外许多著名作家都有记观察笔记的习惯，把观察到的内容随时记下来，成为写作的原始材料。通过认真地记观察笔记，可以锻炼笔力，有效地提高写作能力。正如秦牧所说："一个作家应该有两个仓库—— 一个直接材料的仓库装从生活中得来的材料；另一个就是日常收集的人民语言的仓库。"

对于那些稍纵即逝的新现象，及时记录是十分必要的，这种方法简单易行，能在不经意间帮助观察者积累很多珍贵的资料。很多科学的观察者都是这样做的。

大文豪郭沫若就有及时记录的习惯，他曾在《跨着东海》中介绍说："我睡在床上，把一册抄本放在枕上，一有诗兴，立即拿着一支铅笔来记录，居然也就录成了一个集子。"

积累观察资料时，观察记录要及时、全面，因为间隔较长时间后的追记往往不够完全，很容易出现漏误。记录时要严格按照要求记录数字，切忌概念模糊，不清不楚。

超级链接

做观察记录，应符合准确性、完整性和有序性的要求，为此，必须及时进行记录，不要依赖记忆。一般的记录方法有：

（1）评定等级法

观察者对观察对象评定等级，如在观察记录学生在某一集体活动中的表现时，可以分为：十分活跃、活跃、一般、不活跃、很不活跃五级。记录的方法可以在预先印好的表格上按等级画圈。

（2）频率法

观察者事先将规定好要观察的对象和观察的项目印成表格，一旦出现某一现象，就在表格的相应框格内打上记号。

（3）连续记录法

就是当场在笔记上做连续记录，或借用录音机、摄像机等将现场连续录下。

对观察的现象进行记录是观察过程中必须掌握的基本技巧。观察记录的过程，是对观察的事物进行初步分析的过程。观察过程的记录方式有许多种，下面介绍两种学生喜爱的记录方式。

一、观察日记

观察日记内容广泛，动物、植物、环境、气象、天文地理、人文生活等存在的现象都是观察日记的内容。观察日记的撰写主要应掌握的基本格式为：首先，写题目。题目是文章的眼睛，拟题要新颖，观点要明确。如果是连续观察可以在每段日期前再加一个小标题。其次，写明时间。最好把天气情况也说明一下，以备日后查考。再次，正文。文章的篇幅长短取决于所记的内容。正文的写法灵活多样，可以是表格式和坐标式记录，如天文气象、生长变化、统计数据、分类比较等，这样的记录形象直观；可以是用记叙、议论、说明、抒情等形式表达，根据观察对象的不同而选取不同的方式。观察本身就是进行科学探究的实践活动，所记内容应依据观察的现象如实记录，不能虚构，其结论具有科学性，这对今后的查阅、参考才有作用。

写观察日记，最基本的要求是言之有物、言之有序。所谓言之有物，就是观察日记要有准确、可靠的事实；所谓言之有序，就是记录既要全面，又要分清主次，条理清晰。

世界著名生物学家达尔文从小就具有十分出众的观察能力，这和舅舅经常鼓励他写观察日记是分不开的。当时，达尔文已经对自己搜集的标本做了一些简单记录，有的还附有简单插图。可是舅舅对他说："只做摘记是不够的，要把你自己当做一个画家，但不是用颜色和线条，而是用文字。当你描述一种花、一种蝴蝶、一种苔藓的时候，你必须使别人能够根据你的描述立刻辨认出这种东西来。为了搞好科学研究，你必须进一步提高你的文字表达能力，要像莎士比亚那样用文字描绘世界、叙述历史、打动人心。"

二、观察报告

观察报告则相对正式。观察报告的格式一般分为标题、前言、正文和结尾四部分：标题要明确，对观察对象明确地标明，让人一看标题便能大致了解观察的对象；前言是文章的开头部分，主要写观察的目的和计划，其次是写明观察的时间、地点、对象、范围、经过和可能取得的资料的测定以及记录方式等；正文是文章的核心部分。这一部分首先应对观察得到的各种第一手资料进行叙述，然后分类进行归纳、整理。有些情况和数据尽可能采用表格方式表示。最后再将归纳、整理的情况进行分析和综合，得到正确的客观事物的运行规律；结尾是观察报告的结束语，本部分通常从理论层面对被观察的客观事物运动规律做总结，并与传统的理论作比较，是否印证或有弥补、创新之处。

观察记录一定要真实、准确。有的学生实验时不能忠实地记录观察结果，这是一种极不严肃的学习态度。英国著名的博物学家托马斯·赫胥黎曾说："我要做的是叫我的愿望符合事实，而不是试图让事实与我的愿望调和。你们要像一个学生那样坐在事实面前，准备放弃一切先入之见，恭恭敬敬地照着大自然指的路走，否则，就将一无所得。"赫胥黎的这些话讲得极有道理，对待观察记录就应该抱着这种科学的态度，这样才能有所收获。

对于观察获取的资料，必须详细记录，尤其是形成的初步结论，一定要写清楚在观察时导致产生结论的原因，以免以后产生误解而使工作失误。观察后，要对观察所得的资料、数据及时进行整理，为分析研究提供可靠、真实、完整的第一手资料，并根据所记录的内容，对文字性记录做归纳性描述，对数据资料做出定量统计，形成观察结果。在筛选、分类、统计、归档的基础上，发现遗漏，设法补充完善。这既有助于巩固观察的成果，深化认识，也有助于以后的观察。

超级链接

养成观察的好习惯对于学生来说尤为重要。以科学知识为例：一般来说，科学知识在学生心目中是高尚而神秘的，能亲自动手操作实验、亲自破解谜团，对他们来说是件很兴奋的事。所以选择实验作为写作的题材，放手让每个学生动手、观察、体验，写出来的文章不仅有他们真实的感受，而且也培养了他们发现问题解决问题的能力。

第七节　各种感官协同观察

观察活动虽然以眼睛为主，但并不意味着不需要别的感官的参与。因为单靠眼睛是难以立体地多面地体察和表现生活的。在观察的过程中，我们不仅要善于用眼睛看，用耳朵听，还要有效地利用嗅觉、味觉和触觉。在观察活动中，人是通过视觉分析系统和听觉分析系统，及运动分析系统的协同活动进行有效观察，从而全面、准确地认识事物或现象的。

茅盾曾说过："在开展写作的时候和以前，就应当时时刻刻身边有一支铅笔和一本草簿，无论在哪里，你要竖起耳朵，像哨兵似的警觉，把你所见所闻随时记下来……"其实不管是写作也好，一般的实验、观察也罢，都需要我们运用各种感官的协同观察。

比如，在物理课上，当研究物体的比重时，我们要对所要进行研究的木块、铁块等先考量一番，就是在运用视觉的同时，又利用自己的触觉感受一下。只有利用多种感觉器官，才能对事物有一个比较全面的了解，才不会闹笑话。

又如，我们去公园游玩，单用眼睛固然可以看到红花绿草、飞鸟游鱼。但是，如果再加上清新的空气、幽幽的花香、清脆的鸟鸣、优美的乐曲、拂面的微风等，就会丰富多彩、全面真实地反映生活。

所以，观察要运用各种感官，多侧面地、立体地反映事物，其实，这样的做法古人已有先例。例如，古人写“春”，就调动了人们的各种感官进行了反映和表现：“春风又绿江南岸”（视觉）；“红杏枝头春意闹”（听觉）；“暖风熏得游人醉”（味觉）；“吹面不寒杨柳风”（触觉）；“踏花归来马蹄香”（嗅觉）等。

超级链接

客观事物的属性是多方面的，如形态、色彩、气味、音响、冷热、软硬等，这需要我们运用眼、鼻、耳、口、手等多种感觉器官，对事物进行综合的观察和体验，只有这样才能获得完整、鲜明、精确和生动的形象。尤其要边观察边思考，使思维积极参与，才可能对事物有深刻的理解。

另外，观察能力的表现，并不仅仅是视觉器官的单一活动。要想使观察的结果完整而深刻，不仅要用视觉（眼睛看），用听觉（耳朵听），可能的话还要充分运用味觉、嗅觉和触觉，只有这样，才能得到对感知对象的整体反映。例如，化学课中学习氯气的性质时，除了看到它是黄绿色之外，还应当嗅到它的气味，这样才能留下深刻的印象。再比如，某种物质在燃烧时发光、放热，伴有某种颜色的火焰变化，生成物有特殊的气味，在一定情况下还可能有相应的响声等，这些表现共同形成某钟物质燃烧时的特征。由此可见，由于多种感官活动的参与，形成了一系列局部构成的整体知觉，体现了人们的观察能力。观察能力的高低，可通过能否全面、系统地进行观察而表现出来，同时这也是观察能力培养的内容。

在观察时能否形成整体映象，直接影响全面认识并掌握事物的整体。在学习中就决定能否真正掌握学习目标要求的相应的知识和技能。比如，观察铁丝在氧气中燃烧的实验时，只知道看火星四射，顾不得观察燃烧过程中的放热现象，没看到容器底有少量的水或细砂，也没有观察生成物的颜色、形态等。那么，虽然经过了一番观察，却不能形成完整的燃烧概念。假如此时亲自进行物质的燃烧实验时，就可能会出现被烫伤或仪器炸裂等事故的发生。而这种概念掌握不好和操作技能不高形成的原因，就是不能系统地进行整体性观察，是观察能力薄弱的表现。

老师和家长要指导学生充分地综合利用各种感官。例如，观察小鸡，就要用眼睛看它的体态、颜色、动作，用耳朵听它的声音，用手摸摸它的毛，用鼻子闻闻它的气味等，把各种感官了解到的信息通过综合加工整理，这样对观察对象所形成的综合印象要比单一感官形成的印象确切得多。只有这样，用多种感觉去亲自感受，才能使孩子获得更好的观察效果，留下深刻而丰富的印象。

总之，要培养学生边观察、边思考、边用语言进行记录描述的能力。同时要求学生在叙述的过程中，充分发挥想象思维能力，使描述的对象尽量具体、生动。这样，既可以提高观察效果，又能使语言表达能力得到发展，从而达到学生观察能力培养和提升的最终目的。

超级链接

有意识地训练各种感觉器官，能够提高其感受能力。根据《列子·汤问》中记载：

战国时期，一位名叫纪昌的年轻人拜箭术非常高明的飞卫为师，向他学习射箭。飞卫告诉纪昌："你要练好眼力，才谈得上射箭。"纪昌回到家后，捉了一只虱子，将其用一根牛尾巴毛拴住，吊在窗户上。此后，他每天目不转睛地盯着那只虱子。

十多天过去了，纪昌觉得眼中的虱子显得大了起来。三年后，竟显得像车轮一般大。然而再看其他东西，都像山丘一样巨大。在这以后，纪昌射箭，每发必中。

这个故事说明了这样的一个道理：人们的感官都有极大的继续发展的空间。通过长期的训练，定会取得意想不到的效果。

第八节　准确反映客观事物的真相

我们在进行观察时，应该尊重客观事物的发展规律，观察结果要准确反映客观事物的真相。并且在观察的时候，要尽可能地排除不良的心理因素的干扰，避免被心理定势、情感隔阂、成见偏好等蒙住了双眼；而应该从事物的本身出发，带着客观公正、不偏不倚的态度去观察事物。尤其不能因为偏爱或热衷，对事物的客观性熟视无睹，甚至歪曲事实，从而得到错误的结果。在观察事物时，我们也不能因已有的知识或经验想当然，对与预想有出入的事实，不能轻易否定。因为往往正是这些新发现的东西可能代表着一个新的知识的诞生。对于这些新发现，我们要敢于抛开“常识”，及时对它们进行进一步的深入观察研究。

英国有一位乡村医生名叫詹纳，他对动物的生活习性很感兴趣。他通过仔细观察，记录了各种鸟做巢的秘密。当时，关于杜鹃鸟，有一个说法：杜鹃鸟从不自己做巢，它总是在别的鸟的鸟巢中下蛋，由别的鸟喂养自己的子女，并且母杜鹃还将养父母的亲生孩子残忍地撵走，以保证自己的子女健康长大。詹纳对此表示怀疑，便决心对杜鹃鸟进行细致的观察。

经过一段时间的观察，詹纳发现，杜鹃确实在别的鸟巢里下蛋，并由别的鸟代喂其子女。与此同时，他还发现了一个可怕的真相：当巢主夫妇都外出时，窝里的幼鸟也都睡着的时候，这时杜鹃幼鸟就开始活动。它利用自己的身体移动，把巢主的幼鸟挪到窝边上，并把它们甩到窝外面去，从而霸占了它们的位置。杜鹃的秘密终于揭开了——杜鹃不做窝，不孵蛋，也不喂养幼鸟，而且幼鸟还无情地对待养父母的子女！但是，英国皇家学会的博物学家们不相信刚孵出的杜鹃鸟能将窝里的其他小鸟拱出去，因为这与人们的主观经验不符。于是，詹纳继续观察，并设计了观察情境，收集了大量的照片等资料，最终使人们确信了上述事实。

这个故事讲解的便是观察坚持了客观性的结果。

超级链接

对事物进行观察后，家长应督促孩子口述观察结果，并对其描述的不合理之处及时纠正。当然，对其正确和精彩之处，应予以肯定和赞扬，这样会大大促进孩子观察的积极性，并使观察过程变得更仔细、更认真。

一般来说，观察中的差错往往出自两种原因：一是，由错觉造成的。比如，光在水、玻璃以及热空气中折射会造成畸变，也会使人们产生视觉上的偏差；二是，由于头脑容易无意识地根据过去的经历和知识，自觉自愿地去填补空白。比如，一个人的钱包丢了，虽然我们并没有看到是谁偷的，但是很容易会认为是旁边长得贼眉鼠眼、不修边幅的人偷的。这就是主观观念使人臆造出的假象。

对事物进行观察，得到的印象是真实的客观实在，不能用主观的臆想和修正来亵渎观察的结果，致使观察行为完全失去了意义。在观察过程中，要实事求是地描述现象，记录数据。在观察的同时注意综合分析。观察时，看到的多数都是些表面现象。我们应该学会从现象中抓住本质，否则，观察将没有多大意义。

观察所获得的事实材料是认识事物的依据，是科学研究的基础。但是，这里有一个前提，即获得事实材料的观察是否具有客观性的品质。观察中获得的结果，实际上是观察者通过观察手段对观察对象的现象或过程的一种反映和描述。

科学的观察就在于观察的客观性。首先，要确保观察在自然存在条件下进行，绝对不能影响被观察者的常态，这样才能得到自然条件下的真实情况。否则，所得到的事实材料反映反常的情况，就会导致错误的结论。也有这样一种情况，观察对象意识到自己在接受观察，这就有可能使观察对象预先考虑给予观察者以一定的反应。在这种情况下，只有观察者与被观察者建立良好的关系，消除对观察者的陌生感，以尽量控制观察对象的异常状态。其次，观察要如实地反映现实情况，观察者不能带有任何感情色彩，不允许掺杂个人的偏见，否则就会掩盖对观察对象的情况的真实反映。观察要取纯客观的态度，不许有丝毫的主观偏见，就算是只有一丁点儿，所观察的也会走样的。

我们的观察必须尊重客观事实，尊重客观的观察结果，这是培养我们对事物本来面目的尊重，并努力养成使主观愿望服从于客观证据的习惯。观察时要从实际出发，实事求是，真实地反映客观现实。小学生缺乏知识和经验，会影响到观察的客观性。所以，观察训练要引导学生综合运用各科知识，才能加强学生对客观事物感知的广度和深度，加强学生对客观事物的认识的科学性。

名人名言

培养那种以积极的探索态度注视事物的习惯，有助于观察能力的发展。在学习上培养学生养成良好的观察习惯比拥有大量的学术知识更为重要。

——英国科学家、社会学家　贝弗里奇

第九节　理论与实践相结合

认识和掌握客观事物，离不开将理论与实践相结合。对于中小学生来说，尤其要注意课内与课外相结合，理论联系实际进行观察。培养学生的观察能力，除了课堂教学对实验的观察外，课外观察也是应重视的。比如，参观展览，组织学生到公园游园、参加采摘活动等，在日常生活中，老师和家长应多提醒学生对实际进行观察，把书上学到的理论知识与实际情况联系起来，使学生真正领悟知识的真谛。

在与实际相联系的过程中，观察的价值不可忽视。如果在观察的时候可以做到理论与实践相结合，那么就能获得以下几个方面的好处。

第一，答疑解惑，用切身的观察实践解决问题。

小明上生物课时，老师讲解了蜘蛛的特征。对于蜘蛛从腹部吐丝的说法，他还是半信半疑的："我曾经养过蚕，丝是从嘴里吐出来的。蜘蛛应该也是从嘴里吐丝的才对。"由于他的性格比较内向，这个问题谁也没请教，只是自己闷在心里。

过了几天，小明去奶奶家玩。在院子里，他突然发现一只大蜘蛛在月季花上织网。他蹑手蹑脚地走了过去，想一看究竟。经过仔细地观察后，他发现丝真是从蜘蛛的腹部吐出来的。

第二，通过认真观察，加深知识的理解与掌握。

一般来说，书本上的理论、原理是比较抽象的，不容易理解和记忆。然而如果运用理论与实践相结合的做法来进行认真的观察，就会达到意想不到的效果。

美术课上，老师讲解了色彩的混合，红、蓝、黄、绿、白等缤纷的色彩让赵伟觉得很头疼，因为颜料混合之后变成的颜色他怎么也记不住。放学后，赵伟愁眉苦脸地进了家门。不堪的表情一下子就被母亲发现了。在母亲的询问下，他讲述了自己苦恼的缘由。

母亲笑着说：“自己动手实验一下，在实验的过程中认真观察就会记住的。”

赵伟半信半疑地拿出了水彩混合了起来。他给蓝色中加了点黄色，然后进行搅拌。令他惊奇的是，渐渐地，绿色出现了。接着，他又试着往绿色中加了点黄色，绿色的深度就逐渐发生了变化。他高兴地将自己的实验结果记录了下来。然后，他又实验了蓝色加红色、黄色加红色、蓝色加红色加绿色等，并对自己的实验结果进行了详细的记录。

在以后的绘画学习中，赵伟要用到的颜色很快就可以混合出来，而且班里的同学对于如何获得浅绿或是深紫的问题都请教他。因为自己通过亲手实验认真观察了，所以对于颜色的理解和记忆更加牢固得多。

第三，用实践验证自己所学的知识。

学了表面张力——表面张力是水分子形成的内聚性的连接，这种内聚性的连接是由于某一部分的分子被吸引到一起，分子间相互挤压，形成一层薄膜，这层薄膜被称作表面张力，它可以托住原本应该沉下的物体——张晓想自己验证一下这个知识。于是，她往杯子里倒了一杯清水，然后用一个叉子小心地把一根针放到水面上。接着，慢慢地移出叉子，针仍然浮在水面上。由于水的表面张力支撑住了针，使之不会沉下。然而降低表面张力，漂浮的物体就会下沉。所以，她向水里滴了一滴清洁剂，针真的沉下去了。

由于张晓自己进行了实验，所以对于表面张力的问题留有深刻的印象。

第四，善于体验，加深感受。

观察与体验是密不可分的。在观察训练的过程中，老师不但要引导学生认识客观事物的特点，而且要指导他们掌握自我内心世界所发生的变化，使客观世界和主观世界得到和谐统一。

只有到生活中去观察、体验、实践，才能获得正确的认识。一切真知来源于生活，来自实践。观察时要尽可能地动手实验，取得大量的第一手材料，获得真切的感觉和体验，发现细微、隐蔽的特征，进而提高观察质量，取得高效的观察结果。

超级链接

对于一些容易操作的实验，可以选择在家里进行，这样可以加深自己对知识的进一步理解和记忆。通过实验，自身的观察能力、实际操作能力、分析能力、思考能力等方面都会有一定程度的进步，何乐而不为呢？需要注意的是，对于实验周围易燃或是贵重的物品应该先移除，或是在家长的陪同下进行，以免发生意外。

第十节　遵循感知的客观规律

观察事物是为了认识事物，感知是认识的第一步。观察是在感知过程中进行的，也是在感知的基础上发展的。因此，遵循感知的客观规律对提升观察能力具有特别重要的意义。在实验中，我们应遵循感知的客观规律，培养自身的观察能力。感知规律主要有以下几条：

第一，活动律。

一般来说，活动的物体比静止的物体更容易吸引我们去注意观察。运动中的情况与静止状态有所不同。因此，观察某些事物时，既要观察静止的情况，又要观察活动中的情况。在观察的过程中，我们应该在静止的背景上，尽可能地使观察对象呈现出运动的态势，以此来增强感知的效果。比如，观察一个人，就应将静止状态与活动状态结合起来观察。再比如，魔术师表演魔术时，都会用一只手做明显的动作吸引观众的注意力，而另一只手却在“耍手法”以达到他的目的。所以，我们在观察中要善于利用活动规律，从而达到观察目的。

第二，强度律。

对被感知的事物必须达到一定的强度，才能观察得清晰、准确。因此，在观察前，对有可能提高强度的事物，应采取措施提高其强度。一般人对雷鸣闪电是容易感知的，因为它的感知强度很高，而对于昆虫的活动，如对蚂蚁行走的声音则难以觉察。因此，在实践中，我们要适当地提高感知对象的强度，并要注意那些强度很弱的对象。再比如，观察人的肌肉，绷紧时看得最清楚；观察蒸汽的特点，水壶里的水要满到一定程度，效果才会更好。

第三，对比律。

两个显著不同甚至互相对立的事物，就容易被清楚地感知。因此，在观察中要善于用对比的方法，把具有对比意义的事物放在一起观察效果好。例如，把两种不同的梨放在一起，比较其颜色、形状、大小，再通过品尝比较味道。同时，我们也可以运用高矮对比、色彩对比观察事物。

第四，组合律。

心理学研究证明，凡是空间上接近、时间上连续、形式上相同、颜色上一致的事物，易于构成一个整体而被我们清晰地感知。因此，在实际观察中，我们要把零散的材料或事物，按空间接近、时间连续、形式相同、颜色一致的形式组合起来进行观察，这样既能把握整体情况，又能把握具体情况，从而找出各自的特点。例如，在一堆乱物件中选大小相差不大、颜色相近的若干件排列起来比较，就较容易看出彼此的差异。运用组合律，尤其要注意在观察中根据事物的特点进行适当的组合、编排，形成系统，分门别类。

第五，差异律。

差异律是针对感知对象与它的背景的差异而言的。观察对象与背景的差别越大，对象就被感知得越清晰；相反，对象与背景的差别越小，对象就被感知得越不清晰。例如，万绿丛中一点红，这点红就很容易被感知。为了使知觉对象能迅速从背景中分离出来，就要尽量使被感知的事物与它的背景有明显的区别，以增强对比，使感知对象的印象更加清晰。比如，观察一种昆虫的体态、颜色，把它放在反差大的纸上，效果就会更好。

第六，变式律。

变式律，就是在观察的过程中，注意变换材料的呈现形式，以此达到更佳的观察效果。比如，在观察主动轮与从动轮的关系时，不要只观察主动轮大于从动轮，还要注意到从动轮也可以大于主动轮。这样才能排除有所变换的非本质现象，抓住恒定的本质属性。否则，很有可能形成“只有大的轮才是主动轮”的误解。

第七，协同律。

协同律是指在观察过程中有效地发动各种感知器官，分工合作，协同活动，这样可以提高观察的效果。也指同时运用强度、差异、对比等规律去观察对象。观察任何事物都需要人的不同感官的协同配合才能收到好的效果。多种感官协同参与的感知活动比单一感官进行的感知活动效果要好得多。实验研究表明，在接受知识方面，看到的要比听到的印象深。单纯靠听觉，一般只能记住 15%；如果靠视觉，一般能记住 25%；又听又看，那么获得的知识就能记住 65%。在课堂上要求学生注意把听、看、记、想、说几方面结合起来，才能获得理想的效果。

第四章　青少年观察能力的训练

人的观察能力并非是与生俱来的，而是在学习中培养，在实践中锻炼起来的。对于青少年来说，具备良好的观察能力，就能获得更多的知识和经验，同时对于开发智力也非常重要。要得到满意的观察结果，除了选择好观察对象、制订周密的计划等之外，还取决于自身的观察能力和观察水平。因此，必须注意自身观察能力的训练与培养。本章将介绍一些训练观察能力的方法和原则，以锻炼青少年的观察能力，使他们更好地成长与成才。

第一节　观察能力训练的原则

观察能力的训练须遵循的一些最基本的要求，即观察能力训练的一般原则。归纳起来，共有以下几个方面：

一、统一、全面、和谐发展的原则

众所周知，观察能力是智力的基础、思维的起点，所以我们必须将观察能力发展与其他智力成分内容相统一，才能从总体上促进青少年的全面发展。

在实际生活中，老师和家长通常有两种不正确的倾向：一是片面强调知识的掌握和积累，不注重技能的锻炼和提高；二是只关心各种技能的训练和提高，不注重知识的掌握和积累。前者导致学生死记硬背各种知识；后者则是热衷于各种乐器、美术等专长，以及各类考级的专门学习，而忽视了常规知识的掌握。这两种倾向都有失偏颇。

观察能力的培养和提升不仅仅是简单地看和听，而是综合运用多种感官以获取知识的过程。尤其是分析能力、判断能力等方面的能力。这就要求青少年不但要在观察能力品质的各方面和谐发展，还要使观察能力训练与知识积累、智力开发相联系才能不失偏颇，真正达到目的。

二、主动性原则

观察能力的培养与提升同样是一个学习的过程，它涉及教与学两个方面。在这个过程中，作为教育对象的青少年的学习主动性十分重要。培养观察能力的最终目标是青少年自身观察能力的良好发展。没有青少年自身的积极参与，要取得好的效果是不可能的。

主动观察、主动学习，才能更进一步有所成就，在学习的道路上越走越远。需要特别强调的是，主动性的发挥在很大程度上还要取决于老师的教授和启发，特别是小学生。

三、直观、生动的原则

直观、生动的形象比较容易被我们感知。这样的话，我们在观察能力的训练中就可以选择那些较直观、生动的形象进行观察分析，以此培养和提升自己的观察能力。出于这点考虑，老师在授课的时候应尽量选择科学合理的直观教具，从上课的时候就开始训练学生的观察能力，久而久之，会起到极好的作用。

观察能力不是天生的，要靠不断地丰富知识和长期的观察训练才能形成。在教育、教学的影响下，学生的观察能力逐渐得到发展和提升，他们才会取得更加优异的成绩。

值得注意的是，青少年要热爱生活，端正观察态度。对小学生的观察训练，要引导他们走向社会，深入生活，才能塑造美的心灵，才会有聪慧的眼睛，也才能从生活中发现美。

超级链接

训练观察能力，就要坚持：第一，在观察中学习，在学习中观察。第二，在观察中思考，在思考中观察。第三，在观察中实践，在实践中观察。第四，留心观察不屑一顾的细微事物。第五，必须克服走马观花、粗枝大叶的毛病。

第二节　观察能力训练的步骤

观察能力作为人的一种能力，是可以通过人为的训练加以改进和提高的。对于青少年来说，观察能力的高低至关重要，几乎决定着学习成绩的优劣。一般来说，观察能力的训练要着眼于生活，家长在日常生活中可以用实物来慢慢引导，加以训练。观察能力训练的基本步骤为以下几步：

第一步，明确训练的目的和要求。

青少年在进行观察能力训练时，首先应明确观察能力训练的目的和要求。在一定目的的指导下，确定训练的内容、水平以及具体要求。可以说，一切的训练活动都应围绕目的而展开。

第二步，训练前的必要准备。

与做任何事情一样，只有做好充分的准备才能取得预期的效果。对于学生来说，所谓的准备主要包括：心理准备、知识准备和对观察对象的了解。

心理准备包括树立信心、坚定信念、虚心学习等；知识准备包括对训练内容要有一定的了解，特别是在训练中学习，在学习中提高训练；虚心学习是指对于所有的问题都应该认真观察，不应觉得简单的问题可以不看、不练。

第三步，有个良好的开端。

俗话说："万事开头难。"启发和调动青少年的观察积极性，是观察训练中重要的一步。只有好的开端才能保证接下来的训练畅通地进展下去。

第四步，学会高效的观察方法。

常用的观察方法有：及时观察法、比较观察法、联系观察法、全面观察法、重点观察法、顺序观察法、重复观察法、实验观察法、长期观察法等。我们通常应根据观察的目的来选择适合的观察方法。当然学生掌握了一定的观察方法之后，自然能够提高观察的质量。观察能力的提高是一个漫长的过程，需要付出长期的努力。

第五步，将观察训练和其他知识相结合。

观察能力作为观察和学习的一种手段，只有与其他知识相结合才能发挥其作用。就如同物理一样，许多物理知识都是和我们的实际生活密切相关的。同理，也只有结合各科知识的学习，观察能力的提升才能更贴近实际。

第六步，及时做总结。

在观察的过程中，及时地做总结是十分必要的。就像专业知识的复习一样，只有“温故”才能“知新”。总结的形式可以是多样的，总结的时间应该是“趁热打铁”。除了小总结以外，还应定期进行大总结，并将有关材料集订成册，以便进一步训练时参考。

超级链接

在培养观察能力的过程中，不仅要教给学生观察的方法，激发学生观察事物的兴趣，更要注重培养学生良好的观察习惯。在明确观察目的的基础上，在观察事物的过程中，仅凭简单地看一看、听一听、闻一闻、摸一摸是很难掌握事物的特征的。另外，在分析比较的同时，让学生感受美、欣赏美，不断地培养和提高学生的审美能力。

第三节　观察目的性的训练

良好的观察能力首先要具备非常明确的目的性、计划性和自觉的态度。这既是良好观察效果的保证，又是良好观察品质的体现。我们可以通过以下几个方法进行训练。

一、布置任务

未经过观察训练的小学生在进行观察时，往往注意力不集中，而且很容易受其他事情的干扰，甚至忘记了最初的观察目的。因此，在观察训练的初期，家长和老师应适时地围绕观察活动布置一定的任务，让学生带着任务去观察。这样，有助于学生确立一定的观察目的，使观察有计划地进行。比如，“墙上的画都包括什么”“下雨之前外面有什么变化”“生字表里的哪些字很相似”等。问题可以是具体的，也可以是概括的，主要应根据学生的年龄和所观察的事物特点来定。

一般来说，训练初期的问题越具体越好，因为学生的思维能力较弱。具体的问题可以促使学生注意观察与问题有关的事物特征，抓住事物的属性。随着观察准确性和完整性的提高，就可以提较复杂的问题，也可以列出一定的要求，让学生完成任务。

其中需要注意的是，家长和老师不能简单地将“布置任务”理解成“下命令”。因为在学生观察训练的初期，不考虑其兴趣特点和接受程度，命令式的任务容易脱离学生的实际能力，可能会破坏学生的观察兴趣，影响观察训练的进一步开展。正确的做法应该是在轻松自然的状态下，自然而然地提出问题，布置任务。

二、列项画勾法

列项画勾法是对布置任务的进一步深化，具有更强的实际操作性。

家长或老师在与学生共同提出观察目的后，可以启发他（或她）列出一个围绕观察任务的项目表。有了这个项目表，学生就能按照项目逐项地去观察了。在实际运用中，我们将观察任务分解成若干个具体的项目，学生每观察完一个对象，得出一项结果，就在该项目的后边画勾。画勾的方式也可以用贴小红花、画小动物等形式代替。由于这种形式生动具体，所以对于低年级小学生来说效果尤佳。

其实，逐项画勾本身就是在做观察记录。所以观察结束后，就可以得到比较完整和全面的观察结果。它同时也在培养着孩子做观察摘记的好习惯，有利于观察知识的积累和观察自觉性的形成。

使用列项画勾法的初期，项目可以代为列出。渐渐地，可以鼓励学生自己根据观察目的，列出观察对象的各项具体内容。而且，应当在项目表中预留“备注”的空格。并提示将这些额外的发现填写在“备注”中，或用色笔或其他形式标记好。因为在实际观察中，学生很可能还会发现项目表以外的重要特征和内容。家长和老师要及时充分肯定其观察的结果和观察态度，以增强其观察的兴趣和观察的积极性。

三、看图说话

“看图说话”是指在家长或老师的帮助下，学生将图片上的内容用语言表达出来。这种方法可操作性强，对于培养学生观察的目的性极具效果。

刚开始进行这种训练时，可以将日常用品、经常接触的人等作为描述的对象，由于他们对这些比较熟悉，所以能很快地入手。在其基本掌握了观察的要领和描述技巧后，就可以选择较有难度的图片让其描述，比如较概括的图画。刚开始，家长和老师可以与孩子共同观看画面，并进行适当地引导，当孩子已经可以独立进行观察时，就可以放手让其自己独立观察，找出更确切的表述方法和语言。

另外，确定主题之后，可以继续以讲故事的形式引导学生观察画面不同部分、不同位置的内容，找到它们之间的联系与区别。对于低年级的小学生来说，训练观察能力，选择的画片最好是富有教育意义的卡通连环画。高年级的小学生也可以使用看图说话法，以训练他们的观察目的性和完整性。这时可以选择一些独立画面。这样既可以提高他们的观察分析能力，又能够鼓励学生的发散思维。中学生则应通过观察一组连环画，按照记叙文的六要素——时间、地点、人物、事件、原因、结果——编出一个完整的故事。

超级链接

一般来说，低年级的学生说话大都存在着重复、颠三倒四、空洞不具体的毛病。为了纠正这些毛病，家长和老师可以引导学生从观察课文插图入手练习说话。在观察图画时，首先要求学生从总体上观察图上画了些什么，接着要求学生把看到的零碎的东西连起来，了解画面的内容，再让学生组织语言，按一定的顺序表达出来。然后，再图文结合，分节朗读，看课文是怎样描写的。

第四节 提高观察的准确性

细致、精确的观察是确保观察质量、提升观察能力的重要内容和先决条件。一般来说，观察准确性的训练还应同时围绕观察的完整性和有序性来开展。以下的几种方法可供参考。

一、边缘视觉法

说起边缘视觉，其实大家并不陌生，比如，在校门外等候的人群中，你会轻易地看到自己的家人；从一大张名单中你会很快找到自己的名字；你会“一眼”看见身边飞驰而过的汽车品牌、车型以及其他一些特征。换句话说，观察者对于自己感兴趣的事物特别敏感，而且也善于观察到别人容易忽略的某些特征。也许某些人具有很强的观察能力，这个你不必惊讶，那其实只不过是他的边缘视觉比较清晰而已。

神经生理学研究认为，在人的中央视觉区的外缘，还有一块很大但相对来说没有很好利用的视觉区域，这个区域就是边缘视觉。在人的视网膜上，大部分都是边缘视觉地带。也就是说，对于边缘视觉的开发和训练，可以大大提高视觉的感受力范围和感受性程度，对提高观察的完整性和准确性有极大的帮助。

一般来说，观察准确性高的人，是“既见森林，又见树木”的。他既能把握事物的整体，又能敏锐地观察到事物的细节。这一能力需要观察者既具有广泛的视觉范围，又有较高的视觉敏感度。所以，我们要提升自己的观察能力，就可以进行“边缘视觉法”的训练。

边缘视觉法的训练方法是：先保持固定的目光聚焦，凝视正前方，同时用余光观察四周。刚开始可能不会很自如地控制余光，而且范围可能也较窄，然而随着有意识地锻炼，用眼睛余光看东西的清晰度和范围都会逐渐增加。

二、中心单元法

中心单元法是围绕某一观察对象（或内容）进行一系列观察活动，以求完整、准确地把握和理解事物的现象和本质。这个方法能够结合日常生活灵活开展，而且易于坚持。

有位家长为了提升孩子的观察能力，设计了一系列观察植物生长过程的活动。首先，他和孩子一起观察了家里的盆栽，让孩子获得了初步的印象，并让孩子用简要的话语将自己的观察感受记录下来。接着，他要求孩子观察新苗的萌发。然后，对其生长过程进行细致的观察。这一过程实际也是运用分析和比较的过程，孩子的观察兴趣会随着对观察对象的了解而进一步增加。随着时间的推移，孩子不但了解了这盆植株的生长特性，而且对其变化规律也进行了细致的掌握。同时，在观察的过程中对于孩子的疑问或发现，应一同查找有关书籍，在大量感性材料的基础上，学习有关植物生长环境、生长状况等方面的知识。整个过程轻松自然，而且会留给孩子丰富而深刻的印象。

该方法贵在围绕“中心”坚持下去。当然这种坚持也是有序进行的，要根据学习的材料和知识积累而循序渐进，否则杂乱无章的内容不会构成一个“单元”。

三、造型艺术法

大多数中小学生都非常喜欢画画。欣赏美、表现美、创造美也是观察能力的一个重要组成部分。因此，家长和老师应该根据美术这一造型艺术的特点，运用科学的方法，有步骤、有目的地发展孩子的观察能力。更为重要的是，一次完整的造型艺术活动，同时也是有序的观察活动，因而“造型艺术法”是训练观察完整性、有序性的好方法。

小学阶段，孩子的绘画力求逼真，进入写实阶段，画得好不好主要在于像不像。如果孩子的绘画不真实，那么是由于观察的准确度不高。只是突出自己关注的、感兴趣的部分，而忽略了其他部分，这样画出的图画就会比例失调。正确的做法是，学生在观察物体时，首先要对实物整体有一个全面的了解（无论是形体、结构、亮度、色彩、比例关系，都要先从整体上去分析和比较），然后再观察整体中各部分的位置以及它们之间的关系，最后再回到对整体进行更进一步的认识。

值得注意的是，学生在临摹、素描、写生中，应从正面、后面、侧面各个角度有序地围绕物体进行观察，才能获得完整、准确的印象。绘画水平的提高，也伴随着自身合理、有计划、有步骤地运用视觉能力的增强，是观察准确性训练的良好途径。

除了绘画以外，老师和家长还应培养高年级孩子的书法、泥塑、篆刻、根雕等造型艺术的兴趣，有意识地引导孩子各方面素质的培养和提升。

超级链接

因人、因事而异地通过各种途径进行有效的观察。一般的途径有以下几个方面：

1. 参观。这是常用的观察形式。

2. 参加活动。包括各种内容、各种范围、各种形式、各种层次的集体活动，这是最丰富、最广阔的观察形式。

3. 听课。这是最经常、最基本的一种教育观察形式。

4. 结合个别谈话、召开座谈会等形式的调查等方法进行观察。

5. 列席会议。

第五节　使观察更有条理

观察是一种复杂而细致的艺术，不是随随便便、漫无条理地进行所能奏效的。所以，观察要有一定的顺序，要有条理。所谓的条理，即统筹安排。众所周知，观察对象不仅各部分、各属性之间有一定的内在联系，而且它同周边事物也存在着一定的关系。这就要求我们在观察的时候要抓住事物的特征，有顺序、有步骤地进行观察。

使观察更有条理，是让青少年学会有步骤、有计划、有顺序地观察事物。顺序性和条理性是观察的一种重要品质，要提高学生的观察分析力、判断力，在观察时必须注重条理性。观察的条理性可以通过以下几个方法进行训练。

一、程序转换法

观察过程总是要经过一定的顺序来逐渐完成。能否迅速地找到适合观察对象的观察顺序，是一个人观察能力高低的一种表现。因此，学会用一定的观察顺序来观察不同的事物，或用不同的观察顺序、观察角度来观察同一种事物，来获取丰富的信息。而学会比较分析，是提升观察能力的有效手段。

无论是长期观察还是短期观察，都要遵循一般的顺序和步骤。从事物出现的时间顺序出发，观察可以由先到后；从事物所在的空间出发，观察可以由远及近，或者由近及远；从事物的本身结构出发，观察可以从上到下或从下到上，从左到右或从右到左，由内到外或由外到内，由整体到局部或由局部到整体等。

程序转换法是让学生学会选择不同的顺序来观察同类的事物。比如，观察某种植物、动物、小实验、运动会等，通常都用从整体到局部，再从局部到整体的顺序分析法；观察风景、山色、丰收的田野、雪后的景色等时，多采用由近及远或由远及近的方位顺序法；观察某一事件时，则必然按照开头、经过、结局的时间发生顺序进行观察。这种训练可以使学生有条不紊地进行观察和分析，抓住事物各方面、各层次的特征，使观察能力、思考力等方面的能力都得到相应的提高。

超级链接

在观察的过程中，要培养孩子学会运用合理的观察顺序。告诉孩子如何看，先看什么，再看什么，指导孩子抓住事物的主要特征进行观察。例如，父母带着孩子去动物园看大象时，就可边看边提出一系列的问题让孩子回答，如大象的身体有多大、鼻子有什么特点、牙长在什么地方、鼻子是干什么的等。只有经过父母有意识的启发，孩子才能学会正确的观察方法。

二、提引法

如果观察方法不当，观察就不会得到有效的结果，学生对活动的兴趣也会降低。此时，老师和家长的启发、帮助等“提引性”语言或行动是十分重要的。比如，孩子对某个物理实验的观察，如果遇到疑难问题受阻的话，家长或老师应及时进行引导，使孩子的观察活动能顺利进行下去。

另外，家长或老师的提引作用远不止于防止学生观察的中断和注意力的分散，更多的是要引导孩子运用联想、对比、想象等方式，透过事物的现象抓住其本质规律，使观察更深入。观察能力的重点不仅在于学生“看到了没有”，更在于“看到了什么”，这是家长和老师提引的目标所在。

三、补全法

没有经过观察训练的学生，对观察的对象往往丢三落四、不得要领，获得的印象是支离破碎的，没有一个全面的印象。补全法就是针对这种情况，锻炼学生观察得全面、细致的一种方法。

例如，家长可以在孩子背诵的时候进行某些提示——“他说这话的时候是什么表情”“他手上还拿着什么东西，之后才进来的”“掉了一段，描写景色的，再想想”等，通过这样的简单提示，孩子就能将“不全”的部分逐渐“补全”。要注意的是，家长千万不能替孩子“补全”，而是要引导孩子发现有哪些“不全”的地方，然后加以“补全”，这是“补全法”的关键所在。

应该注意的是，“补全”并不是没有秩序的拼凑，而是按照一定的规律来完成的，否则观察的结果依然是支离破碎的。对于学生的观察，首先要注意他们观察到的东西，肯定其中反映了事物本质的内容，进而启发他们去发现另一些与其他事物显著不同的方面，再借助他们已有的知识和经验，去比较和分析此事物与彼事物的异同之处。在这个过程中，学生们不仅在全貌上把握了对象，而且在比较分析中加深了对事物联系的认识。

“补全法”除了可以将分散的片段“补”完整、“补”全面之外，还能够将笼统、模糊的印象“补”生动、“补”清晰。例如，在学生写作文时，常常会感到无话可说。对于这种情况，老师可以运用“补全法”启发学生描述主要特征，并加以联想和想象，将景物变“活”。这样一来，恐怕就不会“没有什么可写的了”。

观察有序，则说之有序。“观”是基础，按顺序观察所得，则头脑中的“映像”有序，口头表达时则思维清晰，所说的话自然也有条不紊。

超级链接

观察能力的条理性，可以保证输入的信息具有系统性、连贯性，而这样的信息，也就便于智力活动对它进行加工编码，从而提高活动的速度与正确性。如果一个人做事杂乱无章，那通过他所获得的信息也就必然是杂乱无章的。这样，他的智力活动要在一堆乱麻中理出一个头绪来，必然要花费较多的时间和精力，甚至还可能影响到智力活动的正确性。

第六节　加强观察的理解力

观察能力是一种有取向、有意识、有计划运用感官进行自觉感知的本领，是高级的知觉行为，是以认识和理解事物本身为目的的。因此，在培养观察能力的过程中，要注意克服偏离观察意图的单纯兴趣和偏好的心理驱使。

例如，观察硫在氧气中燃烧的现象时，只为看到蓝紫色的光而愉悦，以致忽视了与其他物质燃烧的现象进行比较。这样的观察结果，实际失去了观察该实验现象的价值。更无法对该实验与其他相关的物质燃烧实验相联系。这说明了“观察是理解的基础，是思维的先行”，也说明观察能力在整个能力培养中的重要位置。

在培养观察能力时，应注意在目的和计划限定下边观察、边思考，从而得到相应的理性认识，完成由感性到理性的飞跃。

理解力是衡量学习效益的重要指标，它包括以下几个方面：

一、整体思考的能力

学习需要借助积极的思维活动，弄清事物的发展变化，把握事物的结构层次，理解事物的本质特征和内部联系，需要对学习材料作整体性的思考。因此，我们应该培养全局观点，考虑问题要从大局出发，着眼于整体问题的解决。因为整体思考能力的强弱影响着个体的学习效果。

二、洞察问题的能力

在学习中，我们需要不断地思考，在解决问题的过程中不断地发现问题。只有这样，才能更深刻地理解所学的知识，取得良好的学习效果。

三、想象力

正如想象可以让知识插上翅膀一样，想象力也可以让个体学习知识的能力得到提升。

四、直觉力

直觉力是个体学习能力达到一定程度而展现出来的一种能力。有些东西是要靠直觉把握的，学习有时也要靠直觉。直觉力的高低对学习效果的好坏起着重要的作用。

五、解释力

解释力即解释经验现象的能力，也就是运用观念进行逻辑推演的能力。学习需要将学到的知识经过概念、判断、推理的抽象思维过程转化为自身的一种东西，并能对其进行合理的解释。能否对所学知识进行合理的解释，是判断一个人理解力高低的最重要标准。

观察是与思维相结合的感知活动。简单来说，包括：观察中发现问题，提出问题，做出分析、比较和判断。观察的这种能力叫观察的分析力，观察的这种特性被称为观察的理解性。观察的理解性可以通过间接观察法和破案法进行训练。

间接观察法，即在不同的时间、不同的条件下对同一事物进行间接地、反复地观察，以了解事物的发展变化过程，掌握规律，进而对类似情况做出准确的分析和判断。我们以观星为例，学生可以在固定的时间里一次或数次去观察事物的特征，比较星座的位置变化和移动的方向。

学生在开始观察的时候，得到的素材可能是大量的、杂乱无章的，但随着观察的持续，观察对象会呈现出规律性的变化。在老师的指导下，学生们会逐渐学会筛选出有效的素材来比较分析，将大量零散的感性材料经过大脑的整理形成有效的信息。需要注意的是，虽然这种观察的形式表面看起来是简单的重复，但实际上观察对象在发生着微小的变化。

破案法的过程就是模仿公安人员侦破案件的形式，从某一现象、线索入手，进行探索性的观察，在分析中找出问题的原因。

李乐上小学三年级时，平时特别喜欢观察身边的事物。有一次，李乐和爸爸在社区的健身器材边玩。他发现水泥地面是一块一块连接起来的，不是一大块整体。李乐不解地问："奇怪了，为什么地面都是断开的块？"爸爸说："水泥会热胀冷缩，如果用完整的一大块铺的话，这块水泥地面就会在天热时膨胀变形，有的地方拱起一个包。"他听了以后，觉得不能透彻的理解。在爸爸的鼓励和支持下，李乐开始观察和记录水泥地面之间的距离与温度之间的关系。经过一年多的观察，他做了大量详细的记录，发现这种现象确实是存在的。

在这个例子中，李乐的爸爸抓住儿子发现问题的时机，启发他进行观察，最终观察的结果解开了他的疑惑。在现实生活中，也常常有家长做饭、洗衣服、修理电器等时，孩子表现出极大的兴趣，蹲在旁边问这问那。可惜的是，家长往往因为怕耽误干活的时间、怕弄脏孩子的衣服、怕孩子受伤等所谓的原因，要么把孩子撵走，要么三言两语地简单"打发"孩子。这样就错过了提出"案情"、启发观察的机会了。

观察要有高度的理解力，要进行必要的比较分析。一定高度的理解能力能及时从观察现象中把握观察对象的意义，从而提高观察事物的完整性、真实性和深刻性。通过比较分析，找出事物之间的相同点和不同点，并通过按照一定的特点把它们分别归类，使我们更好地了解事物的基本特点，把握事物的各种特性，从而分清事物的主次，发现其内在的联系。

名人名言

应当细心地观察，为的是理解；应当努力地理解，为的是行动。

——法国思想家、文学家　罗曼·罗兰

第七节　培养观察的积极性

观察活动是一种有意注意的活动，它以感知为基础，个体能够自主调节注意的对象和观察的时间。一般来说，凡是能够使孩子产生兴趣和积极性的对象，其注意和观察的效果就好。所以，观察积极性的培养是观察能力提高的又一重要内容。要培养孩子观察的积极性，有以下的方法可以依循。

一、郊游法

郊游法也被称为远足法，是教育中占有优势的一种观察能力的训练方法。这种方法，不同于学校组织的春游活动和普通的“玩”，也不同于以消耗体力、锻炼吃苦精神为主的“磨难教育”，而是一次生动、活泼、形象的观察教育活动。这种活动不仅有利于家庭成员之间或是同学之间增进了解、沟通感情，而且在轻松的环境下，可使训练的兴趣更高、效果更好。那么，如何运用好郊游法呢？

首先，做好充分的准备。郊游前的准备工作是不可忽视的。比如，对于郊游地点的选择，最好家长或老师对景点以及有关的知识要有一定的了解。当然，这些准备最好事先保密，以便达到好的效果。如果是学生自己组织的郊游，更要对前往的地点做充分的调查和准备，这样做既是出于安全方面的考虑，也是为了取得更好的观察效果。

其次，选择合适的交通工具。对于中小学生来说，在家人的陪同下或是老师的带领下步行（距离较近的话）是一个不错的选择，因为这样在郊游的过程中就有较大的灵活性。当然，随着距离的增加，根据实际情况可以考虑乘坐汽车、火车。

再次，把“观察”作为郊游的主要内容。孩子与家人一起进行郊游时，家长要注意讲述、提问和讨论，引导孩子进行观察。家长如果表现出极大的“游兴”，就可以极大地感染孩子。相反，如果家长仅仅满足于把孩子“带出来”，自己累了就找个地方一坐，让孩子自己玩，这样就失去了郊游的意义。

最后，不要“玩”过就忘，郊游结束后应鼓励学生将郊游的感想写出来。这样做有利于学生重温观察时的情景，总结和归纳所见事物的梗概。实际上，郊游的主要目的应该放在培养观察的积极性和兴趣上。当然，郊游的次数和时间要得当，切忌“地点越远越好、时间间隔越短越好”的错误行动和错误思想。

二、思维游戏法

思维游戏法，就是通过一些生动有趣的游戏来提高学生对观察活动的积极性。如今市面上的思维游戏浩如烟海，家长和老师在选择的时候，要认真谨慎，特别要注意思维游戏适用的年龄阶段和主要方向，要注意选择那些与培养观察能力和观察品质有关的思维游戏。

思维游戏可以很好地锻炼孩子的观察能力，比如找不同、迷宫、找出画面中的错误之处、找出图画中包含的人物或事物等类型的游戏。对于思维游戏的结果，家长和老师要客观看待，既不能因为一次得分较高就高兴，也不要因为一次成绩较低就怀疑孩子的智力水平。这两种态度都会对孩子的自我认识和发展产生误导。因为学生的智力水平和实际的观察能力并不是一两次思维游戏所能反映的，而且学生的智力水平还处于发展的阶段，有的学生发展得早些、有的学生发展得晚些。我们的目的就是通过游戏，有意识地培养和提高孩子的观察能力。

三、发展特长法

人的能力发展是不平衡的，观察能力也是如此。发现孩子某种突出的观察能力并加以鼓励和引导，是调动、提高其观察积极性的好办法。

爱因斯坦小时候智力水平并不出众，甚至比周围的孩子还差。他到3岁时还不会讲话，而且是一个不爱玩耍的奇怪孩子。6岁时，一次老师叫到他让他回答问题，他竟呆若木鸡，引起同学的哄笑；有人还给他起了个绰号："差劲的笨瓜"。后来，爱因斯坦上了中学，学校的教导主任说他："干什么都一样，反正一事无成。"

然而，爱因斯坦的父母并没有对他丧失信心。他们经常带爱因斯坦去郊游，开拓他的视野，培养他的探索精神。后来，爱因斯坦受父母和家庭老师的不断鼓励和循循善诱的培养，才逐渐养成了独立思考和不断探索的个性。这些与当时学校刻板守旧的教学方法形成明显的对立。后来在瑞士读大学时，由于没有按照老师规定的方法完成实验，他遭到校方和导师的批评。但爱因斯坦说："认为用强制和责任感就能增进观察和探索的兴趣，那是一种严重的错误。”最终，爱因斯坦凭借自己的思考方法和观察研究方法在诸多领域都取得了杰出的成就。

许多事实都表明，采取因势利导的方法将学生的能力转移到我们希望的方向上来，比单纯的强制办法、实际效果要好得多。如果老师能让学生尝到观察的甜头，那么接下来的情况就会顺利得多。因此，老师和家长都应该注意发现并引导学生特长的发展。

名人名言

科学的原理起源于实验的世界和观察的领域，观察是第一步，没有观察就没有接踵而来的前进。

——俄国科学家 门捷列夫

第八节 应有选择地进行观察

观察事物要在全面的基础上有所选择，抓住重点，抓住事物的主要特征。只有这样，才能进一步提高观察的效果和观察质量。

一般来说，科学的观察并不是一般地认识现象和事实，而是从大量的客观事实中，选择观察的典型对象，选择典型条件、时间、地点，从而获得典型事物的现象和过程。只有把注意有意地集中和保持在经过选择的观察对象上，把观察始终和有意注意结合在一起，不为无关现象所分散，尽量排除外界无关刺激的干扰，这样的观察才能获得预期的目的。

例如，要进行某班级学生学习态度和精神现状的观察。根据观察目的可以选择不同类型的学生作为观察对象，选择反映学习态度和精神的主要指标（如求知欲、创造力、时效性、意志力、学习习惯等）；主要指标中又应选择典型指标（如时效性）以及主要二级指标，选择几个主要时间、场合等。只有把观察集中在经过选择的几名学生、几项主要指标、几个主要时间和重要场合等对象上，才有可能达到科学观察的目的。

对于观察选择性的训练，我们可以从个体差异法和主要现象法两个方面入手。

一、个体差异法

在前面我们举过莫泊桑拜访福楼拜的例子，福楼拜要求他的学生莫泊桑骑马到市场上去观察，然后把自己看到的事物记录下来。比如，用一句话描写出马车站的那匹马同其他的马有何不同之处；用简练的语言描绘他刚见过的一个吸烟斗的守门人、一个杂货商，并要使别人听了不会将他们与其他的守门人和杂货商混同起来。这个例子实际上就是运用了“个体差异法”。

为了寻找事物的不同之处，人们必须对其进行细致认真的观察，而在观察的过程中。那些极具特色的、特点突出的则会首先吸引人们的眼球，通过比较、分析，人们也就将事物之间的差异分列了出来。

二、主要现象法

低年级学生在观察时通常分不清观察中的主要现象和次要现象，往往首先注意那些新奇、有趣的部分。正是针对这种情况，我们提出了“主要现象法”。

为了达到一定的效果，在训练初期，应尽量让学生表达看到的事物特征。在他讲述完之后，再问他：“什么是主要的特征？”比如，观察一只小鹦鹉，学生可能认为两只脚、两只眼、漂亮的羽毛、学人说话、尾巴都是主要的特征。这时，老师可以从观察对象的名称、类别等方面启发儿童将主要特征和现象与次要特征和现象加以区分。对于许多鸟类来说，两只脚、两只眼、漂亮的羽毛、尾巴都是相同的特点，鹦鹉与其他鸟类的主要区别在于它会学人说话。这样，抓住了主要的特征，接下来的观察和分析就能有的放矢了。

随着这种观察训练的增加，可以在观察前要求学生拟定观察的重点，以便观察更有效和更迅速。比如，观察公鸡、母鸡的区别主要在羽毛的颜色、鸡冠的形态、体型大小上。这样抓住重点进行观察，就会在观察时得到准确深刻的印象。当然，观察中抓重点，运用“主要现象法”，是和观察全面、有序相辅相成的，否则得到的结果也不是全面正确的。

超级链接

学生在观察的过程中有所侧重，有所注意，才能抓住观察对象的主要特征，而不会使得观察的感触都差不多。如果观察没有侧重，长久下去，不但不利于观察能力的提升，而且还可能消减正常的观察兴趣。家长在日常的生活中可以对孩子的观察活动“把把关”，引导其观察选择性的快速培养和全面提升。

第九节 如何观察得更持久

观察的持久性主要是指观察要注意积累，把观察的现象和结果记录下来，养成保留观察资料的优良习惯。这样做，既能通过对材料的系统化组织提高观察的分析思考力，又能形成良好的观察习惯，形成和提高观察的自觉性。要使观察能更持久，我们可以通过口述法、随感法、日记法来进行训练。

一、口述法

口述法，就是有意识地对学生进行提问，让他回忆、讲述自己看到、做过的事情。一般来说，学生都喜欢把自己感兴趣的或是“小成就”讲给别人听，老师和家长应该学会当一个好听众，既能耐心地听，又能巧妙地加以点拨。因为学生在开始阶段，讲述的事情往往内容杂乱，语病较多，无主题或多主题。针对这种情况，首先要让学生讲清楚，其次才是讲得丰富、生动。

口述法的优势还在于有很大的灵活性，可以随时随地进行，而且有利于增强学生的口头表达能力，有利于组织、分析所观察的内容，使感性材料初步系统化。另外，应该尽量鼓励和为学生提供口头表达的机会，让他们将想法适时地表述出来，而不是轻易地扼杀。

二、随感法

“随”字的含义就是重在自然随意。随感法的主要特点就是随着观察和思考，随时做记录，写感想，即兴“创作”。文字可长可短，字数与形式不限。因此，它容易为低年级小学生所掌握和长久地坚持。

一般来说，随感法的关键在于养成记录自身随感的习惯。“随感法”中最常用的是谈话法，在聊天中提醒学生把看到和听到的记录下来。由于学生很喜欢带有揭秘性质的活动，因而老师可以给予他们一些建议。比如，家里种的盆栽可以作为观察对象。在老师的提醒下，学生们会在日常的生活中发现观察的乐趣。

除了一般的记录外，还有的学生善于用绘画来记录和表达自身对事物的观察和感触。比如，不同的天气状况、各种组合的形状、景色的变化、建筑物的形态等。随着时间的推进，观察活动的日益增多，学生的观察能力和语言表达能力都将得到一定程度的提高。学生从开始记录个别的词语，到后来的句子，以后逐步发展为段落。再往下发展，就是日记了。

三、日记法

众所周知，小学生已经初步具备了一定的文字组织能力。这时应抓住有利的时机，引导学生练习写观察日记。

在日记法的训练中，学生常常会有重数量不重质量的倾向，以为只要写得多就会有收获的。其实，一次高质量的日记比十次敷衍了事的日记有更实在的结果。如果学生的观察日记达到了一定的水平，那么，老师应鼓励学生在认真修改的基础上，向校报、校刊投稿，或参加征文比赛，这样会极大地调动学生的观察积极性。

日记法是比较容易实行的，除了老师课上的监督外，家长也应在平时做好敦促，让孩子更好地坚持写日记。因为通过长期的练习，孩子才会言之有物，下笔如流，而不会出现平时写作文时的苦恼和考试时的困惑。

超级链接

观察不是一次或一时就能取得成果的，观察遭到失败，或者出现谬误，或者一无所获，是常有的事。为此，只有坚持不懈，百折不回，锲而不舍，穷追到底，不怕挫折，不怕失败，才能有所发现，有所前进，有所成就。

第五章　高效的观察方法

孔子说："工欲善其事，必先利其器。"人们要有效地进行观察，更好地锻炼观察能力，掌握高效的观察方法是十分必要的。

面对繁杂的客观事物，有的学生看得很清楚，有的学生却一片茫然。这除了能力、兴趣等方面的差异外，还与是否掌握观察的技能、方法有关。对客观事物的观察，是获取知识最基本的途径，也是认识客观事物的基本环节。每一位同学都应当学会观察，逐步养成观察意识，学会恰当的观察方法。常用的观察方法有：比较观察法、全面观察法、重点观察法、顺序观察法、长期观察法等。观察不同的对象，出于不同的目的，应事先考虑用什么样的观察方法。然而有时候，需要几种方法配合使用。

第一节　即时观察法

众所周知，人们观察事物很难保证都是在有组织、有计划的客观条件下进行的。现实中人们受到的局限很多，那么我们在观察中就要不放过任何一个可能的机会，及时地搜集，不断地积累，尽可能地汇集与此有关的信息，尽量反映出客观事物的全貌。其中，尤其要特别留神在事物发展过程中稍纵即逝的现象、偶然出现的现象，以及由量变到质变的关键时期显示出来的现象。

在科研的过程中，有一些规律是通过有意识地研究才发现的。例如，吴健雄所做的证明宇称不守恒的实验；有的则是在偶然中发现了“异常”，然后再对这些“异常”做进一步的研究才发现出其规律的。不管在哪种情况下，具有在观察中发现问题的能力是至关重要的。

为培养学生善于发现问题，老师应经常引导学生不要放过那些稍纵即逝和不引人注目的现象。例如，在浮沉子的实验中，应注意浮沉子中气体体积的变化；在振动合成的实验中不仅要观察合振动的情况，还要注意两个分振动的相位差和合振动的联系；在学习静电感应以后，用起电盘给验电器带电，试探学生是否疏忽了老师用手指触盘这一动作。

事物的发展在质变阶段表现的现象是不同于往常的，这是培养学生观察能力的好时机，我们不应轻易放过。例如，沸腾是学生几乎每天都能接触的现象，但绝大多数的学生从没有有意识地去观察过这个现象，他们只能很粗略地描述沸腾现象。因此，有必要让学生仔细观察沸腾开始前后的整个过程，打开瓶盖和关上瓶盖进行观察。首先不必给学生提要求，让学生自己去观察和发现沸腾的主要特征，然后老师再进行引导，这样让学生经历一次小小的发现物理规律的过程，比老师一一地指示他们被动地观察收获要大得多。

我们在观察事物的时候尽可能不要错过观察机会，即时进行材料的收集、整理和积累。因为客观事物本身是不断发展变化的。我们的认识活动已经受到很多局限，如果不能尽量地收集相关材料信息，就会影响到我们全面客观地观察事物，了解事物，认识事物。

对于中小学生来说，掌握即时观察法尤为重要。即时观察可以发现人们容易忽视的现象和规律，容易有“意外的收获”。总而言之，只有做好准备，随时准备观察，才不会错过机会，才能有所收获。

超级链接

观察法是收集第一手材料的最基本、最常用的方法。在科学研究上，第一手原始材料具有极其重要的价值，它是一切科学研究的起点，科研往往从问题开始，进而进行观察、调查和实验。从这个意义上讲，科学源于问题。然而，由于人们的一切认识，包括产生的一切问题，归根到底发源于观察所得到的事实，从这个意义上讲，科学始于观察。

第二节　比较观察法

比较观察法，就是用对照比较的方式去观察两个或两个以上的事物，找出事物的共性和个性，以获得清晰的印象，抓住事物的本质。当我们把此事物与彼事物加以比较时，我们就能从中看出它们之间的相同与不同之处，分析它们各自不同的特征，从中找出事物的本质。比较的过程就是一个分析思考的过程。

观察事物要想发现差异，抓住特征，深入本质，就应该学会运用比较的方法。最常用的比较方法有纵比和横比两种。纵比，是对同一事物在发生、发展过程中的不同阶段作比较；横比，是对相类似的两个以上的事物作比较。

要能看出不同事物的相同点，看出相同事物的相异点，必须运用对比观察的方法。区分客体，通过比较，确定客体及其发生现象的异同。比较是一个鉴别的过程，只有通过比较才能提高孩子的观察能力。比如，让孩子观察其他孩子的绘画作品，并同自己的作品进行比较，肯定好的，指出不足。

比较观察的关键在“比”，通过对比，来揭示事物的意义。要“比”，就要选择一个比较点。同一事物，可选择现在与过去进行比较。不同的事物，可选择一个共同处比，如两个同学在学习上的对比、在劳动方面的对比等。不同的事件，要注意事件意义的对比、比如铺张浪费的比、攀比风的比、感情变化的比等等。找不到比较点，就无法对比。

进行对比观察，有利于迅速抓住事物的共性和个性，从而抓住事物的本质。

例如，学习光合作用时，为了说明光合作用需要光，而把整片叶子放在光下照射，按操作步骤实验，最后，用碘酒染色，叶子变成蓝色，这是因为碘酒遇到光合作用的产物——淀粉而起了变化。但是，这还不能说明光是生成淀粉的必要条件。如果有人提出叶子不照光，也可以制造淀粉，加碘酒也可以变蓝，就不好回答了。这时就需要通过对照实验来进行对比观察，即把叶子的一部分遮住不见光，让另一部分见到光，然后进行光照实验。观察结果，会发现只有见光的部分经处理后遇碘酒变蓝，说明生成了淀粉。通过这种对比观察，才会得出令人信服的结论：光是进行光合作用不可缺少的条件。

对比观察，实质上是比较科学思维方法在观察中的运用，可以大大加快对事物本质的认识。另外，我们在学习的过程中可以合理运用比较观察，这样可以更加高效地学习。

例如，“赢、嬴、羸”三个字极易混淆。只要我们进行比较观察，便可发现他们结构相同但又有不同的部件，分别是“贝、女、羊”。输赢与金钱相关，古代“贝”即是钱，所以“赢”中有贝；秦王嬴政从母姓，所以“嬴”中有“女”；“羸”原意指羊瘦弱，所以“羸”中含有“羊”。经过这样的比较观察，再去理解和掌握这三个字就会轻松很多。

再如，比较观察长方形和正方形，可以掌握各自的特征。学习动物学比较常用对比观察的方法，找出前后两类动物之间的不同处，从而明确不同门、纲的动物在进化上的位置，还可找出不同门、纲动物之间的相似点，进而明确这些动物之间存在着的亲缘关系。例如，将两栖类、爬行类、鸟类、哺乳动物的心脏进行对比观察，就可以从心脏的构造上看出进化的趋势。

我们在学习中经常会碰到比较人物的特点，这时就可以运用比较观察法来观察，就是把几个人物或同一人物的几个不同方面加以比较的观察方法。俗话说：“有比较，才有鉴别。”只有通过比较，才能发现差异，把各种不同的事物区别开来，使每一种事物都给人留下鲜明、深刻的印象。

对比可以分为“自比”和“它比”两大类。“自比”就是对同一个人物的不同发展阶段的特点或不同地点的表现特点进行比较，以便发现不同特点，做到同一个人物中求差异；“它比”就是两个以上的人物进行比较，以便在不同人物中发现特点。通过这样的观察，不但可以了解每一个人物不同发展阶段的特点，而且能了解不同人物的相异之处，观察就更具体，更深刻了。

例如，《伏尔加河上的纤夫》就是运用的“它比”，同是“穿着破烂”、步子“沉重”“踏着黄沙”、生活困窘的纤夫，他们的年龄、出身、外貌、动作和心理活动都各不相同。对待现实的态度也大不一样，有的“漠然”，有的“没精打采”，有的“诅咒和抗议”，还有的要极力摆脱肩上的重荷……

值得注意的是，我们在运用比较观察法时要注意以下几点：

1. 首先要总览全局，对整体有个初步的认识，然后再按照一定的标准把要观察的事物划分为几个类别，或不同的发展阶段，以便统一标准，互相比较。

2. 比较时要抓住事物之间的联系点，也就是相似、相同之处，否则就失去了可以比较的基础，如形态、色彩、声响、气味、作用、性质等，然后再重点地相互比较，从中找出异同。万万不可以乱比，否则就失掉了基础。

3. 比较时，同一个事物应着重比较不同发展阶段的差异，也就是这个阶段与那个阶段的不同之处；不同类事物应着重比较“相同之处”，做到同中求异，异中求同，以便更具体、更深刻地突出事物的本质。

4. 要注意多种观察方法的综合运用。

名人名言

我们所要求的是能看出异中之同，或同中之异。

——德国哲学家　黑格尔

第三节　联系观察法

顾名思义，联系观察法就是我们观察某一事物时，把与其相似的事物联系起来一起观察。我们在观察中，可以找出普遍联系中的特殊部分，也可以在不同的特殊的部分中去找出事物间的普遍性。因为世上的万事万物都是具有普遍联系的，我们不要孤立地去看待问题，以免疏忽了某个方面，这样我们的思维便会更加缜密、严谨。否则，只会为自己带来麻烦。

李刚工作之余喜欢钓鱼。有一天，他到远郊的一个池塘去钓鱼。他选好了一个地点，不远处是两个钓鱼的老人。时间过得很快，半下午的时间，三个人都有不同程度的收获。期间，两位老人都"噌噌噌"地从水面上走到了池塘对面上过厕所。李刚开始有点疑惑，本想着去问明缘由的，但是由于不认识他们，觉得不好开口。

后来，天渐渐阴了。大家都收拾渔具准备回家。李刚迅速收拾了渔具，准备绕过池塘到对面去，但是转念一想，觉得太费时间了。于是，他便学着两位老人水上行走的"功夫"，抬起脚便迈开了步子，"扑通"一声，一下子掉到了池塘里。不远处的两位老人先是面面相觑，接着迅速跑过来，把手伸向李刚帮他上岸。

“你没事吧？”其中的一位老人关心地问。浑身湿漉漉的李刚皱着眉哭诉道：“为什么你们可以过去呢？我怎么就不行啊？”另一位老人笑着说：“我们过的地方有两排木桩，前段时间下雨涨水正好没过这些木桩，你怎么过的时候不看看呢？”“唉，你仔细看那边，是不是有木桩！”李刚顺着老人手指的方向望过去，水面下果然有隐约可见的木桩。

李刚只看见两位老人在水上走，却没有仔细观察他们脚下的具体情况，没有考虑到相关的联系，从而冒失行动，得到了难堪的下场。

我们在对某一事物进行观察的时候，不仅要与观察类似的事物联系起来，对某一事物的某一部位也要与其他部位联系起来。只有这样，才能观察得更真切。

英国科学家亨特平时不仅乐于思考，而且特别喜欢观察。有一次，他到亲戚的农场去玩。看到可爱的梅花鹿，他不禁伸手摸了摸鹿角。突然，他发现鹿角是热的。这是什么原因呢？他进行了仔细的观察，发现鹿角里布满了血管。

经过一番思考，亨特做了一个实验。将一个鹿角的侧外颈动脉系住后，发现鹿角逐渐冷了下来。过了几天，鹿角又变暖了。他发现不是系带松动了，而是附近的血管扩张了，输送了充足的血液。最终，亨特发现了侧支循环及其扩展的可能性。在这个伟大发现的指引下，产生了亨特氏手术法。

如果亨特只是一味地研究鹿角的变化，而不去联系其他部位，他是很难发现侧支循环及其扩展的可能性的。这也就很难成就他日后的发现。

超级链接

观察法是教育科研中最常用的一种方法。它贯穿于研究过程的各个阶段。不仅在收集和积累各种事实、资料和仔细观察研究对象的发展变化阶段可以使用观察法，而且在查明研究事实和现象之间的相互作用和相互依赖关系，对事实进行定性定量分析，把所有关于研究现象的材料加以概括和综合，在教育实践中检验理论成果的正确性，以致到最后把获得的材料和研究成果用于实践中去，都可以使用观察法。

第四节　全面观察法

古诗云“横看成岭侧成峰”，从不同角度观察事物，会获得不同的信息和感受。观察要注意点面结合，这就要求我们做到全面观察。对事物要善于从不同的角度来观察，要观察事物的各个方面、各种特性，然后，再观察它们之间的联系，从而对事物有一个全面的认识。

事物之间存在种种联系，在观察中，我们要边看边想，运用已有的知识和生活经验，调动积累的词汇和语言表达方式，由此及彼、由表及里进行思索、分析、比较，就能丰富想象力，对事物产生新的体验和感受，在头脑中留下鲜明、生动的形象。要对观察的结果进行分析，力求深刻、全面、准确地反映研究对象的主要特征。

北宋文学家欧阳修曾得到一幅古画，画的是一丛牡丹，牡丹下面有一只猫。他想知道这幅画的精妙之处，就去请教当时的丞相吴育。吴育是欧阳修的亲戚，对古画很有研究。吴育一看到画就指出：“这幅画画的是《正午牡丹》。”欧阳修十分惊奇，问道：“您怎么知道这幅画画的是《正午牡丹》？”吴育笑着说：“你仔细看看，画上的牡丹花开得花瓣四下张开，有些下垂，而且颜色不润泽，这是太阳到了中午时候花开的样子。那只猫的眼睛像一条线，这是正午时候的猫眼。如果是早晨，花就会带着露水，花冠就会向中间收拢，而且颜色润泽。猫在早晨和晚上瞳孔都是圆的，将近中午猫的眼睛也就会逐渐狭长，到了正午，就像一条线了。”欧阳修听了吴育的解释非常佩服。

那么，吴育为什么能够准确判断出这幅古画是《正午牡丹》呢？是他善于观察，全面细致地抓住了景物的特征。所谓“全面观察”，就是要观察景物的各个部分，以及相互之间的关系，对它的全貌形成一个准确的整体认识。吴育具有高超的观察能力，所以对古画能作出准确的判断。

众所周知，《战争与和平》是俄国作家列夫·托尔斯泰的代表作。这部作品以史诗般的文字震撼了读者的心，给人留下深刻的印象，成为世界文学史上不朽的名著。然而，托尔斯泰当时在创作这部作品时，当写到俄法双方在鲍罗京诺会战时，总觉得描写得很抽象、不具体。整整几天也没有什么进展，最后托尔斯泰长叹一声：“关在屋子里是不行的，我要去战场上考察一番。”

托尔斯泰果然跑到鲍罗京诺去了。他仔细地巡视着整个遗迹，把它的地形地貌牢牢地记在心里，并按照实物绘制了一张地图，还画上河流、道路、房屋等。另外，他还把当时双方军队的运动情况，太阳的方位等有关的情况，都用特别的符号标在图上。回到家后，托尔斯泰把自己现场调查的鲜明印象与文献上记载的情况相对照，反复研究，直到对这场战争有了全面的了解。于是，他把原来写的那段文字全部删去了，重新写作。这一次，不仅写得气势恢宏，场面壮观，而且生动具体，色调明朗。

由此，我们不难看出全面观察的重要性。可以说，如果没有托尔斯泰的全面观察，就没有《战争与和平》这部巨著的问世。

全面的观察，应当是对事物每个必不可少的方面的观察。其中，那些明显的方面自然比较容易观察到。对那些隐藏的，或在运动变化中甚至转瞬即逝的方面，也要留意观察。有些对象应从多角度、多方位进行比较观察、长期观察，以达到全面的效果。否则，必将遗漏某些重要的现象和特征，导致观察的片面，以致不能正确分析现象与本质之间的关系。

超级链接

培养孩子的观察能力，要逐步让孩子学会将观察场面的全貌同观察场面的重点活动结合起来。既要观察到整个场面的情景气氛，又要观察到人物的具体活动的细节。对于年龄小的孩子，开始可以先从小的场景观察起，从自己比较熟悉的场景观察起。比如，商场的场景、街边的场景、上课时的场景、放学时的场景、打扫卫生的场景等。

第五节　重点观察法

在纷繁的景物中，选出一个最能代表总体面貌，最能反映基本特征的部位，进行重点观察，其他部分则做一般观察，这种方法便是重点观察法。

重点观察，是指在全面、细致观察的基础上，根据需要，有选择地进行观察。那么，这里的“需要”是指的什么呢？首先是观察的目的和要求。比如：“观察一种小动物的外形特点和生活习性，把它可爱的地方写出来。”当然，孩子们一定会选择小动物最可爱的地方进行重点观察。另外，“需要”也可以指自己观察的目的和兴趣爱好。

在事物完整的发展过程中，必定有一个环节是主要的。例如，植物的生长是其从发芽到干枯的过程中最主要的环节，这个环节是重点观察的对象。通过重点观察对培养孩子抓主要问题，抓中心环节有好处。

孩子们也许都有过这样的经历：到一处去游玩，一会儿看这儿，发现了山；一会儿看那儿，又看见了水；然后是小树林、亭子……许多种景物都在眼前出现过，然而又都很快在脑海里消失了，没有留下什么印象。这不叫观察，更谈不上重点观察。

我们究竟如何才能做到重点观察呢？要做到重点观察，应该做到以下三点：

1. **根据目的确定重点。**

我们观察某一种现象，认识某一个事物，绝不能盲目，必须要有目的性，必须以明确的目的为基础，使观察不同于一般的浏览。如果没有一定的目的，那么，我们每天耳闻目睹的事物都会显得杂乱无章。所以我们的观察要有目的，还要学会根据目的来确定观察的重点。

例如，在校园或公园里寻找夏天，写一个小片断。这样的目的就很明确，就是要表现出校园或公园里夏天的景色。在我们的校园里，有整齐的教学楼、宽阔的大操场，还有高大的杨树和美丽的大花坛。在这些景物里，最能反映夏天特点的就是树和花坛。所以，我们根据“表现夏天”这个目的，选择树和花坛进行重点观察。同样，在公园里，有亭、台、楼、阁、廊、树、花、草等各种景物，而其中的树、花、草到了夏天，茂盛繁密，姹紫嫣红，生机勃勃，给我们带来了夏的信息，所以，我们会选择公园里的树、花、草进行重点观察。

由于每次的观察总有一定的目的，因此，可以根据观察的目的，确定观察的重点。例如，学习牛顿第三定律（两个物体之间的作用力和反作用力总是大小相等，方向相反），需要观察一系列实验：弹簧秤的实验；磁铁和铁块相互作用的实验；磁铁和铁条相互作用的实验；带电纸球的实验。这些实验观察的重点主要放在物体间的相互作用上，而其他现象就不作为观察的重点了。

2. 根据兴趣确定重点。

每个同学都有自己的兴趣爱好。对什么事物感兴趣，就可以观察什么事物，对事物的哪一部分兴趣深厚，就可以重点观察它，以表达自己对这一事物的喜爱之情。有的同学对鹦鹉感兴趣，有的对金鱼感兴趣，有的对小狗感兴趣，有的对盆栽感兴趣……同学们可以根据自己的喜好选择观察对象，从而有效地、重点地进行观察。

比如，小文说：“上次我和爸爸到动物园去玩，一进门，我就向猴山跑去，因为我最喜欢看小猴子。我还准备了面包和香蕉，我把面包扔给小猴子，看它们用手剥开香蕉吃，看几个猴子抢一个面包吃。我对这些太感兴趣了。”

小文根据自己“兴趣爱好”的需要，选择小猴子来观察。而且重点观察小猴子怎样吃东西，怎样抢食物。只有这样有重点的观察，写出的作文才能主题鲜明，重点突出，具体生动，给人留下深刻的印象。

3. **抓住意外现象仔细观察。**

在日常生活中，我们由于注意观察，了解了事物的一些基本特点。有时，还会有一些意外的、有趣的现象深深地吸引我们，使我们能通过观察更深刻地了解事物的更多特点。所以，我们要善于抓住意外的现象，仔细观察。

另外，观察事物如果不分巨细，眉毛胡子一把抓，势必不得要领，不光是费力大而收效少，而且难免会得出错误的结论。所以，观察要突出重点，抓住事物的特征。我们应有选择地对事物进行有目的、有计划、主动地观察，尤其是观察事物本质的重要特征。抓住重点、以点带面，往往可以窥一斑而见全豹。

名人名言

我的唯一功劳就是没有忽视观察。

——英国医学家　弗莱明

第六节　顺序观察法

普遍存在的事物和自然现象都有各自的“序”，在空间上有各自的位置，在时间上有各自的发展过程。因此，学生在观察时应根据观察对象的特点，做到心里有个观察的“序”。只有观察有序，才能达到观察的目的。顺序观察法可分为方位顺序观察法和时间顺序观察法。

方位顺序观察法。由整体到部分或由部分到整体；先上后下或先下后上；由左至右或由右至左；由近及远或由远及近；由表及里或由里及表；先中间后两边或先四周后中间；定点观察或移点观察（随着观察对象的行踪而改变观察点）。

时间顺序观察法。即按观察对象的发展顺序先后观察。比如，观察一天中阳光下的物体变化；观察蝌蚪的生长发育过程；观察蚕一生的变化；观察月亮在不同日期在天空中位置的变化等。

无论是方位顺序观察还是时间顺序观察，它们并不是孤立的，如果只用一种观察方法贯穿于一次观察的全过程，就不可能观察得全面、细致。因此，只有用多层次、多角度的观察方法，围绕观察目的进行观察，才能真正把握自然事物之间的联系和变化。

一般来说，对某一现象的观察，应该首先从整体来进行观察，先获得一个整体的轮廓印象；然后再从各个方面和各部分细节进行细致的观察，运用分析方法找出现象的局部特征，进而再注意各方面、各局部的联系，最后获得一个较全面、较深刻的认识。

例如，在学习平抛运动时，学生可以先在课外有意识地观察投石子的运动情况，根据自己的观察描述出平抛运动的特征。首先，我们知道它是做曲线运动；还可以观察到，石子在开始运动时的方向是接近水平线的，后来就越来越偏向竖直方向了；出手的速度越大，石子就被抛得越远。仅仅知道了这些，还不能深刻地揭示物体的运动规律。这时，需要指出，为了进一步认识平抛运动的规律，我们应像研究直线运动一样，每隔一段相等的时间，就记录下物体的位置。如果用闪光照相的方法，就得到一些照片。然后运用一定的观察顺序进行分析，按照平抛运动的一般现象揭示其本质规律。

我们说的要注意观察的顺序，也就是说要按一定的顺序来观察。或是时间变化的顺序，或是事情发展的顺序，或是地点变化的顺序等。在观察的过程中，应培养孩子学会运用合理的顺序进行观察。告诉孩子如何看，先看什么，再看什么，指导孩子抓住事物的主要特征进行观察。比如，父母带着孩子去看亭子时，应先从整体上观察亭子的形态，然后考虑亭子是用什么做成的，亭子有多高，亭子上都有什么颜色，亭子上绘制的是什么等。经过父母有意识的启发，孩子才能较快学会正确的顺序观察法。

另外，事物的发生一般都有一定的顺序，比如植物的生长。让孩子认识一个事物发展的全部过程，建立一个完整的概念，使孩子养成按顺序观察的好习惯。让孩子有顺序地观察，能使他们有条理地思考，思路逐渐清晰，逻辑思维能力逐渐增强。

如果是小学生，尤其是低年级的学生，他们观察事物时，常常是东看一下，西看一下，缺乏系统性。因此，我们要教会孩子按顺序观察。

如观察静止的物体时，可以让孩子按照空间的顺序进行观察，如带孩子观察人民英雄纪念碑，就可以教会孩子从上面看到下面，观看纪念碑的碑文后，再按东、南、西、北的顺序观察纪念碑的石雕。总之，在观察之初，必须帮助引导孩子掌握观察的顺序。

如果是观察某些自然景物，就可以按照时间顺序进行观察。例如，我们可以按照时间顺序来观察雨。如下雨前，天空的变化，风的变化，街上行人的表情动作，鸟儿的飞翔变化等；下雨时，雨点的变化，天空的变化，地面的变化，树木的变化等。

第七节　重复观察法

重复观察法，是指对同一事物或现象，再次或多次进行观察的一种方法。那么，为什么要进行重复观察呢？

第一，很多现象的出现非常迅速，稍纵即逝，观察者的观察速度往往跟不上事物变化的速度，人们对事物的认识不可能一次完成，在这种情况下就需要进行重复观察，这样才能了解事物真正的本质。例如，化学实验有时要重复多次，才能得到满意的结论。另外，有些事物发生发展的特征与周期，也决定了必须重复观察。要研究事物，都必须通过长久、反复的观察，才能避免过早下结论，产生片面的印象，形成偏见。如果不加以取证，以讹传讹，只会离事实真相越来越远。

第二，有时出现的次要现象更加吸引人们的注意力，所以往往因此而忽视了对主要现象的观察，只好再重复一次。例如，老师做氯气和氢气的化合反应实验，点燃镁条，引起氢气和氯气的激烈反应发生“爆炸”，使瓶口的塑料片向上弹起。有的学生只注意看镁条燃烧，或被强光照得来不及看集气瓶——反应应认真观察的地方。所以，只好再重做一次，再观察一回。

第三，一些实验多次失败，需要重新调整试验，重新进行观察。为了得出实验结果就必须进行重复观察。

第四，由于缺乏良好的心理品质，观察不深入。观察得不深入的实验是不能得到什么答案的，这就需要我们进行再次实验，并进行重复观察。

第五，对很多事物的认识，不见得一次就能完成，需要反复多次才行；又由于事物本身发展的周期性，这就决定了观察的重复性。

总之，为了求得所要获得的信息的精确性，避免似是而非，必须进行重复观察。

在一次运动会的百米赛跑中，两名运动员几乎同时冲线，裁判员的秒表也定格在同一位置。然而，径赛原则上是没有并列冠军的，可是又不能让他们重新比赛来决出胜负。怎样才能知道到底谁是冠军呢？

最后，裁判想到了一个好办法，他们通过反复观看设在比赛终端的电视录像资料，最终定出了名次：其中有一名运动员的胸脯在冲线的那一瞬间比另一名运动员的胸脯向前突出了 2.5 厘米，相当于快了 0.01 秒。所以这个运动员成了冠军。

重复观察，往往能够探明真正的事实。在科学上，科学理论的形成要有实验依据，而且这些实验必须能够重复。丁肇中发现 J 粒子后不久，又有美、德、意的科学家发现同样的现象，才被广泛承认。要证明一种理论、一个现象，光凭一个人的观察是不够的，需要很多的重复观察的参与。

之所以观察要在重复出现的情况下进行，要对观察的现象或过程进行反复观察。一方面是被观察的现象或过程只有在重复出现的情况下，观察才有客观性。尤其对于那些稍纵即逝的现象和过程，则不适于单独用观察法去研究。因为在这种情况下，观察者无法复核和确定观察结果是否正确。另一方面，要长期、连续、反复地进行观察，否则就不易分辨事物的现象或过程中哪些是偶然的、哪些是一贯的，哪些是表面的、哪些是本质的，哪些是片面的、哪些是全面的等。反复观察的次数越多，越能准确反映客观事物的本质规律。

重复观察是为了更深刻、更全面地揭示事物、事件的本质规律，并不是简单地、机械地重复。在重复观察的过程中，尽可能多地纠正以前的谬误，排除可能出现的一切干扰因素，不断地改进，才能不断地进步，不断地接近事实真相，不断地接近真理。

超级链接

对于某一动作可以让孩子进行重复观察，这种方法可以强化孩子大脑皮层形成暂时性的联系，并能使各个暂时性联系之间相互贯通，逐步形成动作的连贯一致。反复观察能形成孩子对事物的整体认识，并掌握复杂、难度大的环节。

第八节　实验观察法

实验观察法，是指根据一定的研究目的，利用实验仪器将研究对象置于人为控制的特定条件下，排除各种干扰进行实验研究，从而获取科学数据、探寻自然规律的一种研究方法。实验观察法，在科学研究中发挥着巨大的作用。

对于热和功的关系问题，人们一直没有办法解决。后来，英国物理学家焦耳通过科研实验，为最终解决这一问题指明了道路。1847 年，焦耳做了一个巧妙的实验：他在量热器里装了水，中间安上带有叶片的转轴，然后让下降的重物带动叶片旋转，由于叶片和水的摩擦，水和量热器都变热了。根据重物下落的高度，可以算出转化的机械功；根据量热器内水的升高的温度，就可以计算水的内能的升高值。把两数进行比较就可以求出热功当量的准确值来。

焦耳不断改进实验方法，用鲸鱼油代替水、用水银代替水等来做实验。这时，距他开始进行这一工作将近 40 年，前前后后用各种方法进行实验达 400 多次。一个重要的物理常数的测定，能保持 30 年而不做较大的更正，这在物理学史上是极为罕见的事。

焦耳用实验观察法测定了热功当量，为建立能量守恒和转换定律做出了杰出贡献。人们为了纪念焦耳的杰出贡献，把功和能的单位定为“焦耳”。

运用实验观察法，应以坚持真理、纠正谬误为前提条件。

著名的解剖学家、近代人体解剖学的创始人安德烈·维萨里，青年时代就读于法国巴黎大学。当时虽处在欧洲文艺复兴的高潮，但是巴黎大学的医学教育还没有完全摆脱中世纪的精神桎梏。课堂上，因循守旧的教授们，将古罗马医学家盖仑的著作奉为经典；实验课是雇佣外科手或刽子手担任的，不准学生亲自动手操作；解剖的材料，是狗或猴子等动物的尸体。由于讲授内容与实验严重脱节，常常错误百出。

维萨里在《人体机构》一书的序言中，也曾追忆这段往事说："我在这里并不是无端挑剔盖仑的缺点。相反，我肯定了盖仑是一位伟大的解剖学家，他解剖过很多动物。限于条件，就是没有解剖过人体，以致造成很多错误，在简单的解剖学课程中，我能指出他200种错误。"年轻的维萨里，决心改变这种现象，他挺身而出，亲自动手做解剖实验。

为了揭开人体构造的奥秘，维萨里常与几个同学在严寒的冬夜悄悄地溜出校门，到郊外无主坟地盗取残骨；或在盛夏的夜晚，偷偷来到绞刑架下，盗取罪犯的尸体。他们不顾寒暑和腐烂的臭气，把被抓、被杀的危险置之度外，精心挑选有用的材料，如获至宝地包好带回学校，在微弱的烛光下偷偷地彻夜观察研究。维萨里以超人的毅力坚持实验，终于掌握了精湛熟练的解剖技术和珍贵可靠的第一手材料。因他的做法触犯了传统观念，冲击了校方的戒律，引起了守旧派的仇恨和攻击。学校当局不但不批准他考取学位，还将他开除。

维萨里虽然被迫离开了巴黎，但他坚持做人体解剖实验的决心没有改变。他来到威尼斯的帕都瓦大学任教。他一方面利用讲课的机会继续进行尸体解剖学研究，一方面在业余时间里，开始写作人体解剖学专著。经过5年的努力，年仅28岁的维萨里终于完成了按骨骼、肌腱、神经等几大系统描述的巨著——《人体机构》。

在《人体机构》这部著作中，维萨里以大量丰富的解剖实践资料，对人体的结构进行了精确的描述。他说：“解剖学应该研究活的、而不是死的结构。人体的所有器官、骨骼、肌肉、血管和神经都是密切相互联系的，每一部分都是有活力的组织单位。”《人体机构》的出版，澄清了盖仑学派主观臆测的种种错误，使解剖学步入正轨，并为血液循环的发现开辟了道路。

另外，科学实验还需要具备自我牺牲的无畏精神和善于攻关的智慧。

富兰克林是美国伟大的科学家，也是世界上第一个捕捉雷电的人，他关于雷电的实验，也是冒着极大的生命危险进行的。早在18世纪以前，当人们还普遍认为雷电是上帝发怒的现象时，他就断定雷电是一种放电现象，并写了一篇题为《论天空闪电和我们的电气相同》的论文，送给了英国皇家学会。但遭到了许多人的嘲笑，富兰克林决心用事实来证明一切。

1752年6月的一天，阴云密布，电闪雷鸣，一场暴风雨眼看就要来临。富兰克林和儿子威廉一起，带着一个装有金属杆的风筝，来到空旷的场地上。富兰克林高高地举起风筝，儿子则拉着风筝线飞快地跑着。由于风很大，风筝很快就飞上了高空。刹那间，雷电交加，大雨倾盆。富兰克林和儿子一起拉着风筝线，焦急地期待着。此时，一道闪电从风筝上掠过，一种恐怖的麻木感掠过他靠近风筝铁丝上的手。他抑制不住内心的激动，大声狂呼着：“我被电击了！我被电击了！”接着，他将风筝线上的电引入莱顿瓶中。回家后，富兰克林用雷电进行了各种电学实验。最终证明，天上的雷电与人工摩擦产生的电，具有完全相同的性质。

1753年，俄国著名电学家利赫曼为了验证富兰克林的实验，不幸被雷电击死，这是做电实验的第一个牺牲者。血的代价，使许多人对雷电实验产生了恐惧心理。但富兰克林没有退缩，仍旧坚持实验，不断寻找解决的办法。经过数次实验，他终于发明了避雷针——当雷电袭击房子的时候，它就沿着金属杆通过导线直达大地，房屋建筑完好无损。避雷针相继传到英国、德国、法国，最后传遍世界各地，造福了人类社会。

科学实验，应有一定的实验仪器做支持。任何科学实验都要涉及指导实验进行的科学理论、做好研究工作的实验设备的准备和进行实验的操作技术等三个方面。在实验中要细心、认真分析，最好能及时记录自己观察到的现象和自己的感受，特别是当某种新的细微变化一闪而过时，千万不要轻易放过，要立刻记下来，尽可能重复实验和观察，这才有可能成为导致新发现的关键要素。

超级链接

运用实验观察法要注意以下几点：

1. 做实验要有明确的观察目的。

2. 要一边做一边观察一边思考，注意是否有新的发现。

3. 实验之后要及时记下自己的观察心得。

第九节　长期观察法

长期观察法，就是在比较长的时间中，对某些事物或现象进行系统地观察。由于所观察的客观事物有它自己的发展过程或周期，有时发展变化过程缓慢，周期很长，所以决定了观察的长期性。

候鸟春去秋来，人们一直以为与气温冷暖有关。洛文在观察黄脚鹬时，发现这种鸟春天时飞往加拿大，秋天时飞往阿根廷，长途跋涉1.5万千米。尽管路程遥远，但是20年来，黄脚鹬下蛋的时间总是在5月26日到5月29日内。洛文根据长期观察的结果认为，候鸟迁移不是受气温影响，因为每年的气温都会变化，只有昼夜长短才是比较稳定的因素，这才是迁移的真正原因。洛文为了证实这个观察结果，于是又开始进行实验。秋天，他对一种南飞的鸦用人工光延长白昼，与其他在正常条件下生活的同类鸦进行比较观察。到了12月前，那些光照长的鸦大有春意，每天歌声不绝，它们认为春天到了，一经放飞，便向北飞去，而在自然条件下生活的鸦则大部分留在原地。通过20多年的比较观察，证明他的结论是正确的。

洛文教授通过不断观察，对候鸟迁移原因的研究最终取得了成功，这与其进行的长期观察是分不开的。

现代遗传学的奠基人孟德尔，做了8年的豌豆杂交实验，连续观察了8年相对性状的遗传现象，才发现了著名的遗传因子分离定律和遗传因子自由组合定律。因为杂交后代会出现什么性状，是高茎还是矮茎，要等到这一代结了种子，第二年种下去，长成了植株以后才知道，要观察只有等到第二年。并且这些观察不像物理和化学实验，可以不断重复地进行，失败了可以再来一次。这些观察对象有它们自己的发展过程和周期，不能人为地加速。

此外，由于种种主客观原因，观察遭到失败或者一无所获，也是常有的事。这也会导致观察的长期性。

法国昆虫学家法布尔为了观察雄槲蚕蛾向雌蛾“求婚”的过程，花了整整3年的时间。正当要取得成果的时候，槲蚕蛾“新娘”被一只小螳螂吃掉了。他毫不气馁，从头再来，又花了3年时间终于取得完整准确的观察结果。法布尔用尽毕生精力对昆虫世界进行长期、细心的观察，写出了200多万字的巨著《昆虫记》，展示了各种昆虫猎食、打架、筑窝、生育和养育后代的有趣现象，获得了极大的影响与声誉。

长时间地对事物进行持续性的观察，是良好的观察能力品质的表现，我们的观察对象是客观的，无论占有的空间多大、存在的时间多长，要完整地进行观察，都需要坚持不懈的意志。例如，在进行关于中和滴定的操作时，常出现滴加过量，导致实验需要重做，是因为未能认真持续地观察锥形瓶中液体的颜色变化。由此可见，培养观察能力的持续性是非常重要的。人的意志品质影响观察能力的持续性，而在培养观察能力持续性的过程中，也锻炼和增强了自身的意志品质。

超级链接

有的事物观察一会儿，就可能观察完了，有的事物则需要长期观察才能有所收获。如海豚表演、看菊展之类的事，都比较简单，观察清楚它们的全过程，也比较容易，不过需要几分钟或者几个小时。可是，要了解和认识某件复杂事情的全过程、某种复杂的事物，短短的几分钟几小时显然就不够了，就需要进行较长时间的观察。

第十节　定点观察法

定点观察法，就是我们在观察事物时固定立足点，然后有次序地展开观察。观察时，观察者的立足点始终不能发生变化，必须固定在一个基点上。运用定点观察法，需要注意以下几个方面：

首先，要选好合适的观察点，选取恰当的视觉角度。摄影师拍照，画家作画，选择镜头和描绘对象，都很注重立足点的选择。因为一个立足点选择的好坏，往往关系到一张照片、一幅图画的成败。其实，写文章也一样。就算是表现同一事物，立足点不同，观察的方位不同，角度不同，呈现出的面貌也各不相同，表达的效果大不一样。根据事物的特点和观察的需要，选择最理想的立足点，这是定点观察能否收到良好效果的首要问题。

定点观察法，定点定位，直接对准画面，最适宜于典型环境里的自然景物或风俗人情的描写，就像是摄影拍照的特写镜头一样，焦点醒目。运用定点观察之后的定点描写，可以把景物描写得独具特色，个性鲜明，给读者以身临其境的实感，留下深刻的印象。

例如，毛泽东同志的《沁园春·长沙》就生动地展现了充满生机的南国秋景。他在词的上阕中是这样描写眼前的秋景的：

独立寒秋，
湘江北去，
橘子洲头。
看万山红遍，
层林尽染；
漫江碧透，
百舸争流。
鹰击长空，
鱼翔浅底，
万类霜天竞自由。

显然，“橘子洲头”就是立足点，为全词的纵览规定了特定的情境。从这一特定的观察点出发，作者先是远眺，后是近观，在这江水碧透与红遍的映照之中，接着又先是仰望，看到雄鹰在长空间奋击双翅，再是俯视，鱼在水清底浅的江里游翔。如果说以上是作者站在橘子洲头有次序地看到的景象，那么，“万类霜天竞自由”则是这组景色的概括，也是作者对所观察到的景象的总印象和总感受。正由于作者巧妙地运用了定点观察法，视野开阔地展现了眼前的景物，进而通过联想，赋予了所写之景物以鲜明而深远的哲理意义。

其次，定点观察法必须按照一定的次序进行。因为各种景物都在一定的空间位置上，我们观察时不可能使许多景物一起入目，表达时也不可能将许多景物同时铺叙，观察时，要注意有一个合理的观察顺序。

定点观察的优势在于立足点是固定不移的，比较容易做到观察集中，达到一定的深度。特别是对某一处、某一点、某一面的具体景物的观察中，容易抓住事物的声貌神情和形态特征。如果是东一眼、西一眼，不但不会有正确的感知，可能还会影响观察效果，得出混乱的观察结果。

古诗云：“白日依山尽，黄河入海流，欲穷千里目，更上一层楼。”就很形象地说出了观察景物与选择立足点的密切关系，可见站得高，就能看得远。当然，立足点的选择，不是越高越好，而是根据观察对象来确定的，应服从于观察的目标。

超级链接

我们在使用定点观察法时，要注意以下几点：

1. 要始终把握好立足点。作者观察的立足点，是对景物定点定位的基础，只有选好角度，确定好观察方位，才能够对表现对象进行恰到好处的观察。作者的观察都是有的放矢的，而不是随心所欲、盲目的。立足点确定以后，要自始至终不再变动，按照一定的顺序，依次观察，不得随意蔓延，节外生枝。

2. 要牢牢抓住描写景物的特征。我们在观察的时候，要把握住重点，特别是对那些显示中心思想的景物特征，一定要精心观察，一丝不苟。细致入微地观察，才能够观察出景物独特的神采。

3. 要注意观察的顺序。

4. 要结合其他的观察方法灵活运用。

第六章　课堂观察能力的培养和提升

在各个学科的学习中，观察能力是学生学习能力的重要组成部分，也是学生的重要心理特征之一。学生的观察能力作为一种心理品质，是在成长中通过学习逐渐形成的。学生在各个学科的教学中必须重视观察事物，提高自身的观察能力。本章从各门课程的特点出发，讲解了最适宜本科目学习的观察方法，希望学生在本章的学习之后，能有所领悟，进而使学习成绩得到进一步的提高。

第一节　只有认真观察，才能学好语文

语文教材中的插图不仅数量多，而且色彩鲜艳、生动形象，它不仅能帮助学生认识事物，理解课文内容，而且能激发学生的学习兴趣，有利于培养学生的观察能力、想象能力和表达能力。学生在语文的学习中，应该做好以下几点：

第一，仔细观察，训练语言表达的准确性。

看是说的基础，只有看得清楚才能说得准确。因而小学生要训练自身语言表达的准确性，行之有效的方法之一就是进行仔细观察。对于书

中的人物，应先仔细观察人物的表情动作，然后进行自我提问，然后用语言对所观察到的进行表述。在学生的表述中，老师或家长要做好引导和监督，对于偏颇的描述要及时进行纠正。

第二，有序观察，训练语言表达的条理性。

一般来说，小学生的语言表达的条理性较差。这是因为他们的逻辑思维能力不强，不善于有条理地思考问题。要训练自身语言表达的条理性，可以从丰富多彩的插图着手，有顺序地观察，理清说话思路，从而训练语言表达的条理性。比如在观察某一课的插图时，学生可以先整体感知全图，然后按照从中间向四周的顺序具体看图上都画了什么，并按观察顺序一一说出，这样就可以避免言之无序。

如果课文是配有多幅图的，那么要有顺序地观察每幅图，还需结合课文内容了解图与图之间的联系。在观察中形成一个条理清晰的表达顺序，这样才能训练自身语言表达的条理性。

第三，展开合理想象，训练语言表达的创造性。

由于受感知水平、理解能力的限制，小学生的思路比较狭窄。学生可在家长或老师的指导下以静止的插图为凭借，激发大胆的合理的想象，这对学生语言表达的创造性大有裨益。比如，古诗一般都配有一幅插图，学生可以通过认真观察，充分利用图画，理解诗意，展开想象，把古诗改写成一篇描写景物或叙事的文章。

学习中只要把插图和语言文字训练有机地结合起来，就能使自身的观察、想象和表达能力同时得到发展。因此，要努力挖掘文中插图的语言训练素材，并把它纳入每篇课文的预习和复习之中，以加强自身的语言训练。

名人名言

平时心粗气浮，对于外界的事物，见如不见，闻如不闻，也就说不清所见所闻是什么。有一天忽然为了要写文章，才有意去精密观察一下，仔细认识一下，这样的观察和认识，成就必然有限，必然比不上平时能够精密观察仔细认识的人。写成一篇观察得好认识得好的文章，那根源还在于平时有好习惯。

——著名作家、社会活动家　叶圣陶

对于中学生来说，除了以上欠缺之处加以培养和提升之外，还有以下几点应注意：

第一，结合阅读，掌握有关的知识和方法。

语文教材中，有不少的记叙文、文学作品和事物性的说明文，都是作者经过细致入微地观察和缜密的思考写成的，给我们提供了丰富的观察经验和方法。我们应该将这些文章作为重点，逐渐领悟作者的观察经验和方法。例如，作者观察时的视线是如何转移的，平视、俯视、环视、仰视等之间是如何转换的，如何转变到观察重点上的。

第二，结合实际，进行独立观察。

在观察活动中，我们应该结合观察的具体对象和自身的实际水平，或是在老师的具体指导下，考虑是取一个固定的观察点，按一定的方位次序观察？还是移步换景，按景物出现的先后次序观察？学生学会了这些方法，也就逐步形成了独立观察的能力。

第三，注意积累材料，坚持观察。

有的学生写作文时，总觉得很难下笔；或者是下笔了，刚开个头，随便敷衍几句，就草草收场。这样的文章内容空泛笼统，而且不知所云。由于学生缺乏对周围事物的观察和分析，头脑中缺乏材料，因而才觉得无话可说，无从下笔。针对这些情况，我们要留心观察身边的人和事，注意积累材料，并坚持不懈地养成观察的习惯，切忌胡编乱造，闭门造车。

第四，结合作文实际，及时纠正观察方面的问题。

学生的观察能力，在作文中可以得到反映。并且，关于作文的写作，在学生的成绩中占有相当的份额。我们应该通过作文及时认识自身观察能力发展的水平，并及时纠正在观察方面存在的问题。观察建筑物，应注意什么问题；观察人物，应注意什么问题；观察景物，应注意什么问题；观察场景，应注意什么问题……从作文中发现问题，再有针对性地学习和掌握正确的观察方法，然后做必要的反复观察，是提高自身观察能力的一种有效方法。

超级链接

作文，是观察能力、思维能力、语言表达能力三者整体效能的综合体现。作文中的观察能力和思维能力是密切相关的，同时，观察能力和思维能力又是通过语言表达的形式来体现的，离开了语言表达形式，观察能力和思维能力便失去了依附。一些好的文章、好的诗篇都是作者用心观察的结果。不同类型的文章，观察方法也不同。

1. 记叙文中充满观察要领，学生应通过仔细阅读课文来掌握。

2. 说明文中的描写要以科学事实为依据，学生应进行细致观察。

3. 对于看图作文，要明白观察的顺序，言之有物、言之有序，是对作文的一般要求。

第二节　学数学不可忽视观察

数学是一门以观察、分析、解决问题为基础的学科。通过观察可以了解事物发展的特征、发生的条件，还可以获取数字信息来解决相关的数学问题。那么，如何培养学生数学课上的观察能力呢？我们可以从以下几个方面入手：

第一，让自己乐于观察。

学生应努力将自己的好奇心变为观察兴趣，进而转化为求知欲望。学生可从观察生活和亲身体验开始，从直观的和容易引起学习的问题出发，从熟悉的事物和具体情境之中，激发学习数学的兴趣。并可通过家长或老师的建议、指导，选择自己喜欢的方法进行观察。观察后用所学的知识去解决实际问题，这样可以产生乐学、好学的动力，从而真正体验到学数学、用数学的乐趣。

第二，形成一定的观察观念。

学生在学习的过程中，要充分发展空间想象能力，注重培养观察观念。一般来说，学生在开始观察时，往往会感到不着边际，无从下手。那么在学习的过程中，除了通过老师的指导动手操作，初步认识对称图形的基本特征外，还要努力培养自身的观察意识——从身边的图形着手，有利于激发观察兴趣，同时感受图形的美。通过一定的训练，才能逐步形成观察观念。

第三，明确观察目标。

一般情况下，学生观察问题往往只是兴趣和爱好，注意力不集中。在解决一些数学问题上，容易带来很大的盲目性和片面性。因此，学生应在老师的指导下，明确观察目标，对一些关键性的观察目标要加以重点思考，然后通过自己的努力解决问题。

第四，学习科学的观察方法。

学习数学，学生除了具备运算能力外，科学的观察方法的应用也很重要，通过一定的比较、分析、归纳、综合，问题可以得到进一步的消解，这样再解决的话就有眉目了。

第五，善于提出观察问题。

1. 观察问题要实事求是。实事求是观察的基础，又是观察的重要方法。在学习数学时学生应坚持实事求是的科学态度，这不仅是提高数学成绩的重要保证，而且能增强学生的自主探索和创新能力，同时也可以培养出创造型的人才。

2. 观察问题要认真、细致、深入。有些问题在短时间内是不能被发现的，只有认真、仔细地观察，才能抓住问题的关键和细节，才能发现问题的变化和隐蔽的特征。

通常的情况是，观察能力不强的同学，审题时看不清楚题意，解题找不到突破口，学习概念不能掌握实质，因而影响了学习成绩的提高。可见，观察对数学学习是十分重要的。数学概念的形成，命题的发现，解题方法的探索，都离不开观察。就数学基础知识而言，公理的确定就是首先通过观察事物的运动变化，再通过抽象概括形成的。那么，怎样才能提高观察能力呢？一般来说，应该从以下几个方面入手。

第一，通过条理性来提高观察能力。

数学学习中对数学对象的观察往往不是轻而易举就能达到目的。学生不能漫无边际地、杂乱无章地进行观察，而应逐步养成观察的条理性，同时要注重对象间的联系进行观察。

第二，通过训练敏锐性来提高观察能力。

观察的敏锐性就是指在观察过程中很快地发现被观察对象的特点，或容易发现别人不易发现或易于忽略的东西。许多科学家的可贵之处就在于此。

第三，通过精确性不断提高观察能力。

观察的精确性表现为对被观察对象的隐含因素的觉察和发现，以及对被观察对象间差异的发现等品质。

良好的观察能力是学生学好数学的基本条件，也是激发数学探索精神、引发数学发现的源泉。所以，我们应尽最大可能培养和提升自身的数学观察能力，从而取得优异的成绩，实现自己的理想。

超级链接

在数学考试中，学生常犯的错误之一就是没有仔细审题，没有分析全部的已知条件与未知条件的关系，只以题干的部分条件就列出式子进行演算，这样当然得不出正确的答案。因为给出的条件一定与求出未知有着必然的联系，如果还有已知条件未用的情况下就求出了答案，其结果也必然是错误的。

第三节　学英语离不开观察

英语，也逐渐成为与语文、数学并列的必修科目。因此，英语学习中必须重视自身观察能力的培养，其重要性是不言而喻的。

第一，观察能力是实现英语学习的需要。

英语课程的任务是：激发和培养学生学习英语的兴趣，使学生树立自信心，形成良好的学习习惯和形成有效的学习策略，培养学生的观察能力、记忆能力、想象能力和创新精神。观察是认识的基础，是思想的触觉。离开了观察能力的培养，学生就不可能具备完整的英语能力与英语素养，英语成绩的提高也就不容易实现。

第二，观察能力是提高英语语言能力的需要。

对中国学生来说，英语是一门外语，但它也是一种现今国际通用的语言。学生要根据英语语言本身的特点，在平时的学习中掌握一定的英语语言基础知识和听说读写技能，形成一定的综合语言运用能力。观察能力对于英语知识学习和听说读写技能的培养都具有直接或间接的促进作用。无论是单词句子的听说读写，还是英语语法基本规律的发现、综合分析能力的提高都离不开认真、仔细的观察。同时，英语学习活动中的观察并不狭义地指直观的考察，需要眼、脑并用，而且观察的对象也并非都具有直观的形象。因此，观察能力，无疑是学生综合语言运用能力的重要组成部分。

第三，观察能力是提高英语学习质量的需要。

不可否认的是，许多学生的学习质量不高、课堂学习效率低下。究其原因，主要是学生的观察能力滞后，缺乏观察的习惯和基本的能力。试想，一个没有观察习惯、毫无观察能力的学生，怎么能够发现单词与单词之间、语法与语法之间的内在关系以此自主学好英语？

那么，英语学习中如何培养和提升学生的观察能力呢？

一、词汇

所有的语言都是以单个字或词为基础的，英语也不例外。调查发现，总是有一部分学生单词学不好，主要表现为：学过的单词念不出来；学过的单词不知如何拼写等。其中，不知如何拼写特别严重。单词写不出来，就无法应对考试。

其实，单词记忆是有方法的。除了根据音标记单词外，还可以观察单词与单词之间的联系。例如，学了 an 这个单词后，在学 can，any，many，orange，elephant，thousand，panda，want，plan，than，dangerous 等时，有意识地观察词中词，这样的话，记单词就容易得多了。还有一类词是与其他词相组合的，比如，card—postcard way—anyway pen—pencil hair—haircut in—into work—homework some—something 等。这些举措不仅能有效地记忆单词，还可发展自身的观察能力，从而提高英语学习能力。

二、句型

学习英语句型时，要注意英语句子结构和汉语句子结构的区别，这是学习外语的诀窍。我们可以在具体的学习中先上口，然后对大量句子进行观察区别，形成一定的语感，以达到正确使用该句子的目的。

例如，There be 句型：

冰箱里有一个香蕉。There is a banana in the fridge.

冰箱里有一个苹果。There is an apple in the fridge.

冰箱里有四个梨。There are four pears in the fridge.

冰箱里有一些米。There are some rice in the fridge.

在练习前或练习后总结以下规律：

There is a/an + 单数

There are + 复数

以上规律对一般的学生来说是不难观察出来的。

三、语法

英语语法是约定俗成的。很多学生关于语法的概念很模糊，总是弄不清，也很难自如地使用。在学习中，我们应该注意以下两点。

1. 语法。英语学习中出现的许多错误，往往是由于汉语语法习惯造成的，这种根深蒂固的习惯对英语语法的学习产生了种种干扰。要排除这种干扰，最好的方法是经常观察对比英语与汉语语法的异同。例如：

（1）Haven't you read this book?（你没有读过这本书吗？）如果回答是否定的，依照汉语的习惯，回答应是：是的，我没有读过。但说英语时，你就得说：No，I haven't.

（2）汉语中的“一万”，英语中却说“十个千（ten thousand）”；汉语说“两亿”，英语却说“两百个百万（two hundred million）”。两种语言关于数目的表达是大不相同的。这就要求学生在学习中多注意。

（3）She is too tired to run on.（她太累了，不能再跑了。）在翻译的时候，要加上“不能”这个否定词。

2. 时态。通过观察比较，学生才会真正做到自主学习。主要的时态结构为：一般现在时、现在进行时、一般将来时、一般过去时等，都可由学生自主观察学到。

总之，英语学习必须十分重视观察能力的培养：要运用多种手段，激发观察兴趣；通过训练，掌握观察的基本方法，并逐步养成主动观察、善于观察的习惯，从而取得优异的成绩。

第四节　物理课注重观察

物理是一门以观察、实验为基础的学科。整个教材中充满了大量丰富的物理现象，这就为培养学生观察能力提供了素材和机会。在物理课的学习中一般分为三个阶段来培养自身的观察能力，分别是入门指导、帮助指导、独立观察。在每一个阶段，都应制订相应的培养目标，这样才能收到良好的成效。

一、入门阶段

对于新接触物理课的学生来说，入门很关键。入门甚至直接决定着学生学习物理的兴趣、动力，以及接下来的物理成绩。关于物理教材中的观察内容大体分成两类：一是，物理基本仪器的使用；二是，简单物理现象和实验的观察。前者的观察目标是通过观察达到会用的要求，知道仪器的主要构造和工作原理；后者的观察目标是明确观察的主要对象和现象的大体变化过程，知道现象变化的最后结果。并掌握观察方法的一般顺序，能用简洁的语言记录观察对象的主要特征变化和最后结果。

在入门指导阶段中，无论在目标、还是在要求上都不宜太过于细致。学生要在感知上建立起一个轮廓，努力始终处于一个轻松、愉快的学习情境中，在老师的讲述和指导下，享受观察的喜悦，进入观察的大门内。

二、领悟阶段

在物理课程的进一步学习中，学生要通过观察现象分析、归纳出物理规律。故这一阶段的观察内容是物理的重点和难点。此时的观察目标要求更加具体，更加全面，并能在老师的提醒帮助下对物理现象变化的外部条件加以注意观察。比如，探究凸透镜的成像规律时，观察目标可设为：知道物距是决定凸透镜成像的性质的关键；知道像的虚实、缩放、正倒的情况。通过观察，如实填写观察结果，与同学进行讨论，归纳出凸透镜成像的规律。

在学生的领悟阶段，老师要注意控制课堂的气氛，克服学生的注意力分散，纠正无效的观察。还要注意的是，老师不能完全代替学生进行观察，要允许学生观察中的失败，重新再观察。并鼓励他们从失败中分析问题，重新再观察，培养实事求是的严谨的科学态度。

三、独立观察阶段

经过半年或是一年的物理学习，观察能力的培养也进入了最后独立观察阶段。此阶段观察的主要内容是既有仪器的使用又有现象的观察。此时，学生应放开手脚，独立进行观察。无论是观察的目标，还是观察的要求都可以和其他同学开展讨论、商议来制订。如电流表、电压表、刻度尺的使用，当然，依据实验，其他的观察方法在某些实验中也应合理运用。

高超的观察能力不是一朝一夕就能形成的。而是经过日积月累、反反复复地长期观察学习而形成的，它是一个量变到质变的过程。当然，此阶段老师的教学目标设计也应具有切实性、阶段性、明确性、具体性；培养过程应由低到高，由浅入深，循序渐进。

培养物理观察能力的主要途径是课堂上对实验的认真观察，因而加强对实验的研究，观察到物理现象变化的全过程是至关重要的。如能做到这样，才能使观察取得最佳的效果。下面几个方面是不容忽视的：

第一，变观看实验为亲自实验。

一般来说，物理实验都是老师在台上做，学生在台下看。这种以老师为中心组织教学的方法使学生的观察显得被动，学生的注意力不能长时间集中。往往开始认真，一旦新奇感消失，注意力就会分散。而把学生的观察实验改为亲自实验，让学生眼、手、脑等都参与实验活动就能有效维持学习情绪，使注意力高度集中，并可观察得更全面、更细致。同时也缩小了观察的空间，缩短了观察的距离，这就扩大了观察的广度，增加了观察的深度。可以达到对现象的感知更加深刻的效果。

第二，多种感官协同观察。

一个物理现象的产生和变化常伴随着声、光、力等诸方面的现象。所以，观察物理实验并不只是眼的参与而已。学生应从不同角度让多种感官参与感知，协同观察，使观察更生动、更全面。这对提高学生的观察能力有很大的帮助。

例如，在学习大气压时，如果老师进行了“吸盘”“易拉罐被压瘪”两个实验，学生可以用手感知大气压值的大小，耳朵可以“听一听”大气压的存在。这样做无疑会对大气压的认识更丰富、更深刻。

第三，提高实验的能见度。

物理实验中有些现象的能见度太低，不利于学生观察，会严重减弱学生的兴趣。所以加强对实验的性能研究，提高现象的能见度，延缓现象的变化过程。这就需要老师花精力、动脑筋。

A. 利用投影仪的放大作用，提高能见度。如刻度尺的示数、温度计的液柱升降变化等。

B. 利用媒介物的变化，扩大现象效果。如光的直线传播实验中增加烟雾，利用微粒对光的反射清楚地显示光路。

C. 利用教具、模型、投影片、录像、动画课件可以展示物理现象的“静”和“动”，延缓变化过程，增加观察时间。比如，利用杠杆动画课件展示杠杆工作时力臂的变化，效果非常好。

第四，理论联系实际进行观察。

培养和提升自身的观察能力，除了课堂上对实验的观察外，课外观察也是辅助途径。

只有把书上学到的理论知识与实际联系起来，才能感到物理并不抽象，而是实实在在的一门科学。我们就生活在这物理世界之中，无疑会增强对观察的兴趣，进一步激发学习的动机。

物理的特点就是从生活到物理，从物理到社会，由生活中的事例寻找物理知识、物理规律，再把物理知识、物理规律运用到社会生产实践中去，物理在人们的生产活动、日常生活中是普遍存在的。任何实验都离不开观察，观察是学生获得感性认识的重要途径，是思维加工的前提。具有观察的习惯和敏锐的观察能力是学生今后从事学习、研究和创新必不可少的素质。

第五节　化学课上如何观察

化学是一门以实验为基础的课程，化学实验对化学课程目标的全面落实具有重要作用。化学实验又是进行科学探究的主要方式，它的功能是其他教学手段无法替代的，它既是获取知识、进行知识创新的重要手段，又有着培养学生获取知识的能力，对提高学生的科学素养有独特作用，它有利于促进学生的科学思维，揭示化学现象的本质，是一种学习方式，也是学习的内容和目标。

观察能力能够帮助学生更好地认识世界，同时也是提高学生能力、培养学生创造性的重要途径。为了培养学生的观察能力，提高学习化学的兴趣。下面的几点做法可供参照：

第一，明确观察目的。

由于初中生对化学实验有着强烈的兴趣和好奇心，为增强学生的感性认识，课本中的实验明显伴随现象较多，所以上课前一定要明确实验的目的，了解应该观察什么，从哪些角度去观察。比如，老师做镁条的燃烧实验时，应首先明确该实验的目的是验证化学变化的本质——生成新物质，并在反应前、中、后要确定分别观察的主要现象的角度，这个实验能激发学生极大的兴趣，并且很容易就能总结出正确的结论。

第二，掌握正确的观察顺序和方法。

化学实验中的现象较多，学生应养成良好的观察方法和观察习惯，因此在实验前就要明确观察的顺序。如在分组实验用氢气还原氧化铜前自己先列出观察的顺序提纲：①反应的颜色、状态分别是什么？②反应的条件是什么？③反应中试管内的物质的颜色有何变化？试管口有何现象？④生成物的颜色、状态是什么样？由于在实验前明确了观察顺序和任务，所以实验时就能够准确、全面地观察，顺利地完成实验任务。对于实验现象的观察，则应当掌握正确的观察顺序和方法，即：①反应前反应物的颜色、状态、气味；②反应中的反应条件和伴随反应产生的现象；③反应后生成物的颜色、状态、气味等。

第三，运用多种感官进行观察。

化学实验的特点在于要求实验者从视、听、嗅、触、味等多种感官，对变化过程中的现象进行观察。只有充分利用不同的感官从不同的侧面去感受事物的各种属性，才能全面正确地认识化学反应。在实验中，运用多种感官进行观察，不仅可以获得更加丰富的感性认识，而且会使所学的知识印象深刻，记忆牢固。

第四，勤于观察，善于思维。

勤于观察可以使学生产生广泛的感性认识，而更重要的是透过观察到的现象产生思维。学生应积极观察，从中发现问题、解决问题，把感性认识上升到理性认识，完成认识上的飞跃。

第五，留意细微之处。

许多化学反应现象都有相似之处，培养观察能力，必须要细心留意细微之处的区别。如在对比实验碳、氢气、一氧化碳的还原性时，要注意反应中所用仪器的不同，反应条件（温度）的不同，反应速度的快慢，通过学习这样一些现象相似的实验，观察其细微之处的差别并加以区分，这样不但可以培养自身的观察能力，而且也培养了实事求是的科学态度。

总之，只要我们善于养成良好的观察习惯，掌握正确的观察方法，在观察中发现问题，解决问题，就一定能收到良好的效果。

超级链接

学生在化学观察中普遍存在以下情况：

1. 观察的目的性不明确。学生通常只关注那些有强烈刺激作用的现象或过程，会产生一种轻松的、不易疲劳的“无意注意”。

2. 不善于完整、全面地进行观察，总是以局部代替整体。

3. 观察笼统模糊，只关注明显的现象，而忽视较为隐蔽的本质特征。

4. 忽视稍纵即逝的现象，不能将其及时纳入自己的意识范畴，因而会产生错觉。

第六节　学政治，观察强于呆板地听讲

一切知识都是从感官的感知开始的。通过感官所获得的对外界事物的感觉经验，是进一步学习的基础，能帮助学生理解抽象的理论化的政治观点。以往的政治课教学，一般是“一块黑板、一支粉笔、一张嘴，从头讲到尾”，偶尔会挂上一些图片，以增加感性认识。但课堂形式往往比较单一，无法激活学生学习的欲望。学生在课堂上无精打采，提不起精神，政治课堂变成老师的“独角戏”。

老师只有运用富有情趣的引导，充分调动学生眼、耳、鼻、口、手等多种感官，通过师生之间的情感交流，才能激发起他们的求知欲望和表达兴趣。所以，老师在教学的过程中，应避免整节课单纯地照本宣

科，这样的课堂显得枯燥乏味，学生仅仅是“听客”，对课堂知识不能得到深刻的理解。

现代教学手段主要有幻灯片、投影、电视、电影等，尤其是多媒体在教学中的广泛应用，大大增强了政治课堂的吸引力。多媒体的特点是图、文、声、像并茂，能给学生直观的视觉感受和听觉感受。直观可以使抽象的知识具体化、形象化，有助于学生感性认识的形成，并能促进理性认识的发展。

比如，在学习“运动是物质的根本属性”一节时，老师播放了“刻舟求剑”的动画，生动逼真的画面配上故事的介绍，把学生带入了愉快的学习环境，将抽象的哲学道理扩展为图像、声音、视频等，学生在轻松悦的氛围中明白了哲学道理。运用现代教学手段辅助政治课教学，学生愿学、乐学，由被动学习转为主动学习。

在教学中，老师要面向丰富多彩的社会生活，开发和利用学生已有的生活经验，选取学生关注的话题，围绕学生在实际生活中存在的问题，帮助学生理解和掌握社会生活的规范和要求，提高其社会适应能力。

受到固有教育观念的影响，很多老师往往注重向学生灌输知识，让学生只是听讲，不善于开展课堂活动。课堂上学生大部分是在听，很少有机会看，更难得动手。这样会造成学生对知识的理解程度低，学习政治课的兴趣低，运用知识解决实际问题的能力也较低。政治课是一门思想性、人文性、实践性、综合性很强的课，学生听到的东西忘得快，看到的东西能记住，动手的东西能理解掌握。正如我国著名教育家叶圣陶所说：“老师之为教，不在全盘授予，而在相机诱导。”

在实践与合作、探讨与交流、转变与提高的思想指导下，根据新教材的内容和要求，在课堂教学中要多设置活动，让学生在做中学，在乐中学。思想政治课的课堂活动，主要是让学生通过动口、动手、动脑，学会观察，学会思考问题、理解知识、运用知识。

老师只有充分调动学生的兴趣和积极性，让学生尽量多动手、多活动，才能提高思想政治课堂教学的质量和效益。学生通过各种活动把自己融入角色之中，潜移默化地受到教育，达到知识与技能、过程与方法、情感态度与价值观的和谐的提升！促使学生由消极被动的学习向积极主动的学习转化，使认知和情感得到和谐的发展。

第七节　历史课上的观察

历史是一门非常有趣的学科，但是在很多学生的眼中历史课堂却是枯燥乏味、死气沉沉的。究其原因是多方面的。虽然历史学科内容庞杂，但如果老师能充分利用历史学科独特的魅力，让已逝的历史“活”起来，让历史课“活”起来，学生学习历史的兴趣自然就能被调动起来。

历史课的特殊性在于学生不能对历史现象有一个直观的认识，这就给老师的教学、学生的理解带来了困难。而现代教学手段的应用不仅可以丰富历史教学内容，还可以生动地“再现”历史。老师在历史教学中充分运用电视、电影录像等再现历史情境，从而帮助学生建立起对历史的感性认识。

关于历史题材的电视、电影录像资料虽然不完全是历史的实录，但也能反映当时的历史风貌，再现某些历史事件或某些历史人物。这些影像素材能够突破时间、空间和地域的限制，把已逝的历史形象地展现在学生面前，帮助他们在头脑中形成历史情景，从而增进对历史知识的理解。

同时，多媒体的运用能够充分调动学生的听觉和视觉功能，使学生更容易进入到历史的情境中，感受历史所赋予我们的责任。可以说，多媒体的运用是寓思想教育于历史知识传授之中，更促进了历史的育人作用。

如在讲解“新航路的开辟”时，对于迪亚士、哥伦布、达·伽马、麦哲伦四位航海家的航海路线，学生往往难以弄明白。这时，老师就可以在课堂上使用多媒体课件，分别演示四位航海家的航海过程。在其路经重要的地点时，自动、醒目地显示所经地点的名称，并配以声音讲解。学生看了演示动画后，大多都能讲清楚四位航海家的航海路线。

再如讲解“西安事变”的内容时，西安事变发生后，国内各派的态度是学习的难点，老师可以播放电影《西安事变》中的五个片断：①张学良、杨虎城在西安实行“兵谏”，扣留蒋介石；②宋美龄及蒋介石的顾问端纳为西安事变的和平解决而斡旋；③何应钦兵围西安，轰炸渭南、华县；④周恩来率中共代表团去西安调停；⑤张学良送蒋介石到南京。进而对学生进行提问，学生联系电影片断，就很容易回答问题，从而解决疑难。

在学生观看幻灯片或录像、电影时，老师一定要先提出问题，或提示应注意看什么，使学生边观看边思考。学生通过观察，就能更细致、更全面、更深入地了解客观世界，形成良好的观察品质。这对于他们发展思维，锻炼分析、鉴别、判断能力，独立获取知识是极为有利的。

第八节　地理课上的高效观察

地理观察能力的培养，是地理学习过程中最基本的培养任务。所以对观察能力的培养要十分重视，不能放任自流地观察，而要养成良好的观察习惯，即有目的、有计划地进行观察。

地理学科有大量的感性素材需要观察，地理感性知识来自大量的观察。观察所获得的地理信息，是想象、思维、记忆、空间智力等活动有用的材料。应当注意的是，观察能力不是简单的观察技能。观察过程中有其他智力活动参与，如想象、思维、记忆、空间智力等。地理教学中的观察活动分为图像观察、多媒体观察和实际观察三种。地理教学过程中，观察能力的培养应注意以下几点。

第一，养成良好的观察习惯。

地理学科以大自然和社会为观察对象。随着社会的飞速发展，我们可以通过观察获取的信息猛增。观察能力培养之初，学生应按照老师提出的观察目的、观察要求，提出观察计划，从繁杂的背景中区分出有意义的观察目标，并能按照一定的程序进行观察。

由于学生的观察容易泛化，或者按个人的好恶选取观察目标，这在观察的过程中是应极力避免的。而对于复杂的观察目标，应从宏观到微观逐步进行观察。例如，对中国民族分布图的观察，我们应先观察汉族与作为整体的民族的空间分布，再观察汉族主要分布地区少数民族的空间混居以及少数民族地区汉族的空间混居，再观察少数民族地区各种民族的空间混居。良好的观察习惯还包括观察的自觉性，要养成留意身边地理事象的习惯，从“视而不见”或“熟视无睹”的现象中观察到有价值的现象。

第二，激发观察兴趣，培养观察动机。

学生对知识的求知欲，对地理事物和地理现象的好奇心，是激发观察兴趣、培养观察能力不可忽视的环节。我们在观察活动中，要善于自己发现问题，深入、细致、全面地进行观察，并按照老师的指导掌握观察要领和对比线索。比如，观察用地球仪演示地球在公转轨道上的运动时，先假设太阳和公转轨道的位置，然后进行空间想象和思维（如有灯泡接通电源假定太阳则当然更好），接着持地球仪转动（自转与公转同时进行），在转到春秋分、冬夏至四个位置时停下来，观察阳光直射点在地球上的位置（可用指图杆从“太阳”指向“地球”上的赤道、北回归线、南回归线），然后画出赤道、南北回归线，并注明在这三条线上太阳直射的日期。从演示到记录，从动态到静态、从空间到时间，可以使自己通过观察进行一定的想象和思考。

但问题还应再深入，原来转动地球仪时是按地轴与公转轨道通面倾斜成 66 度 34 分转动的，所以才有太阳直射点的周年回归运动。若地轴是垂直于公转轨道面，太阳直射点将有什么变化？（总直射赤道附近）若再假设地轴虽有倾斜，但北极并不总指向北极点则太阳直射点又会怎样？（永远直射在北半球或永远直射在南半球）这样，学生在观察过程中就进行了分析思考。

第三，注意观察顺序。

由于学生缺乏生活经验和独立、系统的观察能力，所以要按照老师的指导运用恰当的观察顺序，明确先观察什么，后观察什么，再观察什么。例如，观察分层设色地形图，先要看图例高度表，分清不同颜色代表的高度，然后再看颜色的变化，说明起伏程度；观察等高线、等压线、等温线、等降水量线图，要看清数值间隔、等值线疏密与走向；观察河流，一般按水流方向自上游至下游分段观察各段河流的水系特征与水文特征。

第四，既要全面观察，又要抓住重点。

观察是思维的“触角”。观察的片面性必然导致思维的局限性，必须防止“只见树木，不见森林”的倾向。观察时，要尽量调动多种器官参加活动，比较两个事物的异同点，进而得出正确结论，形成完整概念。同时还要注意抓住重点要素进行观察分析，防止过于“面面俱到”。例如，观察我国 1 月、7 月的等温线图，就要重点抓住“等温线”进行仔细观察，这有利于理解我国冬夏气温分布的不同特点，并要结合自身的感受，展开丰富的想象，从而更好地明确气候特征形成的原因。

第五，观察记录和资料的整理。

感性观察所获得的成果似“过眼烟云”，看过了或者看多了容易遗忘，应当学会随手做观察记录和整理观察资料。第一手的观察记录是很宝贵的，即使时间流逝也不在人的主观意识中走样。我们应该按照地理老师的指导用文字或者图画、照片或者录音录像等手段将观察结果记录下来。观察资料的整理应尽量客观、真实，经过去伪存真、去粗存细，选取有代表性的资料。一些地理描述是有规范的，就应当按规范来记录和整理资料。例如，森林景观、山地景观等的描述。课堂上观察地理图像，也可以通过提问，规范观察结果的表达。

第六，逐步提高观察质量。

除了课堂上观察图像、多媒体画面外，也进行课前校内外观察。这样能逐步加快观察速度。我们可以将独立观察所得的地理信息向老师汇报结果，并在老师的指导下逐步完善和提高观察质量。

第七，多种观察相结合。

在地理学习中，为了加强观察的效果，促进从直观到概括，从形象到抽象的过渡，可以采用多种观察相结合的方式，促使观察能力从皮毛肤浅到入木三分。实地观察和实物观察与多媒体画面观察和课堂图像观察可以相互对照，景观画面观察与地图观察和示意图观察相互补充，观察能力从低级到高级发展。

第八，与其他智力活动相结合。

在地理的学习中，观察要达到应有的目的，观察能力要得到提升，必须使观察活动与其他智力活动相结合。尤其是逻辑思维活动，必须介入观察活动。在观察活动中同步开展综合分析、比较、判断推理等智力活动，可以使观察结果从感性上升为理性。在观察活动中，开展想象和空间智力活动，可以加深对观察结果的认识。边观察边记忆，能巩固观察结果，并可使观察结果系统化。

总之，在学习中重视观察能力的培养，学会主动观察事物，通过不断观察，学会独立获取知识的方法，不断开拓思路，提高创新能力。

第九节　生物课必须掌握观察能力

观察是一种有意的知觉，也是一种“思维的知觉”。观察能力是指全面、深入、正确地观察和认识事物的能力，表现在生物学科上就是要善于观察生物体和生命现象的细微变化和本质特征。

一、观察是学习生物的首要条件

科学的学习要从观察入手，观察是获取知识的门户，学生获得知识的思维过程是：观察→直觉思维→想象→抽象思维→本质揭示。实践证明，如果一个学生具有较强的观察能力，他就有更多的机会获取知识，就更能从观察对象上发现事物的本质特征。

观察能力、实验能力、自学能力和思维能力是生物课程的四项主要能力目标，而观察能力又是其他能力的基础。培养观察能力是生物学习能力培养的主要内容，应贯穿于整个生物学习的始终。

另外，观察能力在生物学习中的重要性则直接体现在生物学课程的编订上。教材是对教学内容和培养目标的具体化，新编教材在内容和编排上保证了培养和发展观察能力的需要，突出了观察的地位。主要表现在：

1. 新教材在减少内容、压缩篇幅的情况下，增加了实验内容。

2. 采用先观察后讲解的编排顺序。新教材以实验观察为主线，将学生实验写入正文中，改验证性实验为探索性实验。要求学生尽量多看实物，关于形态方面的，教材一般写入“看一看，想一想”栏目。甚至每个栏目提出了具体的观察要求和思考性问题。

3. 图文并茂，插图数量增加、质量提高。凡是配上插图能有助于加强理解的内容，都尽量配有插图，连实验操作过程也图解化。有些插图取代了文字的地位，使得许多知识须通过读图获得。这样，新教材的插图数量大为增加。

二、观察应克服一切影响因素

学生是与老师、教材并列的一个“角”，是教学活动的主体。平时影响学生进行成功的生物观察的因素主要有：

1. 观察目的不明确和兴趣指向偏差。

观察是有目的有计划的知觉，如果不知道要观察什么和通过观察要得到什么，其观察活动就有较大的随意性和盲目性。由于中小学生知觉的无意识性和情绪性仍较明显，注意往往与兴趣联系在一起，容易被无关的内容所吸引。比如，有的学生在观察自制洋葱表皮细胞装片时，把注意力放在摆弄镜头和观察游移不定的气泡上，而在观察永久装片时也主要是欣赏染色标本的色彩。

2. 观察的精确性和敏锐性较差。

生物学观察是一种精细的观察，如细胞的显微结构甚至亚显微结构、草履虫活体的生理活动，需要观察者要有较好的精确性和敏锐性。而且，有些实验需要观察者的通过自身的一些素质来弥补手段上的不足，比如，通过移动玻片标本和转动目镜来观察判断杂质是在玻片上还是在目镜上或物镜上。

3．双基和观察方法上的障碍。

基础知识、基本技能和观察方法是观察能力形成和发展的基础。观察水绵和衣藻，学生必须具备细胞及其结构等有关知识，必须会使用显微镜，必须掌握“整体→局部→整体”的观察方法。据一次实验统计，在观察洋葱表皮细胞的实验中，42 人中有 28 人没有观察到液泡，其中 16 人是由于没有控制好视野明暗度或微调不到位，5 人属于制片失误，7 人则由于未弄清植物细胞的基本结构。

4．观察仅停留在知觉水平上，缺乏抽象性、概括性和思考性。

观察能力不是单一的知觉能力，而是一种多因素的智力结构，生物体和生命现象是复杂的，观察中应调动各种器官协同工作，在知觉的基础上进行分析综合。许多学生常常把观察与思维割裂开来，不善于明辨主次是非。例如，观察枝条上的叶痕，大部分同学仅停留在叶痕呈半月形及其内部有许多微小管径这种感性水平，只有极少数同学通过思考发现这些管径呈规律性排列，从而推出它们是输导组织的端痕。

我们在观察的过程中要努力克服和避免以上几点不良因素，从而高效地观察，有所领悟。

三、进行多方位的观察训练和培养

学生应充分利用新教材的优势，以实验观察为中心来学习生物，将课内观察与课外观察结合起来，努力培养和提升自身的观察能力。具体来说应注意以下几个方面：

1. 提高对生物观察重要性的认识。

我们应该了解和掌握伟大的发明和杰出的成就是如何得来的，如达尔文、李时珍、童第周等成绩显赫的生物学家是如何重视观察的，细胞、光合作用、青霉素、病毒等生物学发现又是如何通过实验观察产生的；利用名言警句进行自我引导，比如抄写一些关于观察研究的名言警句，并经常翻看，这样可以起到潜移默化的作用。

2. 制订具体的观察要求，量化观察结果。

先观察实物或模型、图解，再进行知识的理解。几乎每一课甚至每一个知识点都可以从观察入手，例如，《有机物的制造——光合作用》一课就是从对一个学生实验和两个演示实验的观察开始的，再如“气孔”这一知识点也是从实验观察和对教材上彩图的观察开始的。在观察前，老师必须帮助学生明确观察要求和观察程序，并将观察内容具体化和题目化。例如，《用显微镜观察植物细胞》实验，教材仅笼统地提“观察洋葱表皮细胞和番茄果肉细胞”的要求，老师必须使之具体化：①观察细胞壁、细胞质、细胞核、液泡并推测细胞膜的位置；②观察细胞与细胞间的排列关系、细胞的形状和大小；③比较洋葱表皮细胞和番茄果肉细胞的异同。

3. 养成随时随地勤观察的习惯。

处处留心皆学问，生物学习尤为如此。一次动物园参观或一次野外郊游，有的同学会从中学到不少生物学知识，有的同学则除了高兴了一回再一无所获。那么，应如何培养观察习惯呢？一是在课堂学习中要多联系自然界和日常生活中的实际，以激起课后观察的冲动与好奇心；二是直接进行课外观察，如开展小课题研究、进行现场参观等。

4. 掌握一定的观察方法。

生物学习观察中常用的观察方法有：

（1）顺序观察：观察玻片标本时，应先用肉眼看一下标本的位置、大小、形状和颜色，有了大概的印象后再放到镜下观察。观察时一般先整体后局部、先外后里，有时还应按对象本身的发展顺序。

（2）对比观察：在观察中区分客体，确定客体的异同，这是培养观察的精确性和敏锐性的有效方法。如异中求同——通过“草履虫”与“变形虫”形态结构的比较观察找出原生动物的基本特征。

（3）表述观察：人的知觉形象通常是用词语表示的，用形象化的语言来表述观察对象，可以使学生在观察中更好地对现象进行分析概括。一方面，老师用形象化的语言来指导学生观察，另一方面，学生又应用清晰的语言来表述出自己的观察过程和观察结果。

概括来说，学生观察的心理品质应包括观察的全面性、深刻性、敏锐性、精确性和持久性。全面性要求对事物整体与各部分相互关系及事物过程多因素全面观察；深刻性要求对事物的本质和隐蔽现象进行选择性观察；敏锐性是指对事物过程同时发生的多因子和稍纵即逝现象的迅速敏捷的观察；精确性就是要尽量减少观察的误差；持久性则指对持续较长时间事物过程的连续观察。这五项心理品质是对生物学观察能力的全面要求，但具体到某一项具体的观察内容，则应突出其中一至两项品质特性。例如，对生态系统的观察主要强调观察的全面性和深刻性，对动物生活习性的观察则强调观察的持久性和敏锐性。

第七章　纠正观察时的偏颇

具备了一定的观察素质，掌握了多样的观察方法后，不能说是肯定就能取得高效的观察结果，因为观察时的偏颇会使得一切“成就”功亏一篑的。比如，忘了带相机、不能正确运用器材、不能打破思维定势、不敢质疑等，会使得人们的观察过程受到干扰或是限制，这些方面对于我们的实验和研究都是不利的。要想观察得更高效，就应及时纠正观察时的偏颇，这样才能取得一定的结果。

第一节　应带着问题去观察

对于中小学生来说，培养观察能力，养成观察习惯，最好有老师的引导，使学生学习和掌握观察的基本技能，知道观察什么和怎样观察，观察活动在一定的思维启示和要求下进行。建立这一活动过程，不应靠平铺直叙的讲述，而应根据思维内容的层次设问质疑，引发观察前的思考和观察的取向及重点。

观察是手段，旨在发现和探索。是要将观察得到的信息，通过分析、归纳、综合、概括等思维活动，达到认识事物及其变化规律的目的。在观察时，学生往往容易被事物的性状和表面现象所吸引，并停留在单纯的感官被动反应上。对于此，我们在观察前可以先设问质疑，引发相应的思维活动。

比如，对于“氢气还原氧化铜的实验操作”，在观察前应提出一些问题：氧化铜是什么颜色的？为什么氢气通入试管之前要验纯？经验纯的氢气通入试管中，为什么过一段时间才对试管中的氧化铜进行加热？在加热的条件下，氢气和氧化铜反应生成的红色固体物质是什么？停止加热后，为什么还要继续通氢气，直至试管冷却至室温等。这些问题的提出，就是对思维的引发和引导，带着问题去观察，从而达到掌握氢气还原氧化铜的反应原理和操作技术原理的目的，通过感性知识得到理性的认识。这样的观察才能准确、有序、完整、细腻，从而提高观察质量。

综合实践活动课程实施的一个重要目标是要培养学生在实践中发现问题、提出问题、解决问题的能力，其中，问题意识的培养是关键。其中，学生的问题离不开对周围事物以及自身生活的观察，通过观察，可发现许多有价值的、值得研究的问题。这些问题，往往可以成为综合实践活动的主题。老师引导学生运用观察，确定研究的主题的方法有多种。比如，可引导学生通过在课堂上进行观察，确定主题。课堂的观察往往是老师创设一些实践的情境，引导学生进行观察，从中发现问题，提出研究的主题。

另外，还可以用提纲法进行观察前的提问。在学生观察自然事物和自然现象之前，老师可以列出观察提纲，然后指导学生进行观察，这是培养和发展学生观察能力的有效方法。

比如，学《爬行动物》观察壁虎时，老师可以结合挂图或幻灯片出示提纲：

1. 壁虎的身体是什么样的？

2. 壁虎怎样运动？

3. 为什么壁虎在墙上不会掉下来？

有了提纲，学生就能依据提纲的基本内容有序地进行观察。

当然，父母的提示引导也很重要。父母可以对孩子提出明确的观察目的、内容和要求，让孩子“带着问题”去观察。比如，在孩子玩风车的时候，父母可提出这样的问题让孩子去观察：风车什么时候转？什么时候不转？为什么拿着风车跑的时候风车就转得快些？有了明确的观察目的和具体要求，孩子就会带着家长提出的问题，集中注意力去仔细观察，从而取得更好的观察效果。

在实验中让学生带着问题去实验，也可以很好地培养学生的观察能力和思维能力。在实验前，老师可以先对实验的关键步骤深入挖掘，提出问题，这些问题是教材上没有现成答案的，必须通过亲自实验观察、动脑才能得出结论，这样学生带着问题去观察，就会有目的地去思考。

例如，在植物细胞质壁分离和复原的实验中提出这样的几个问题：①这个实验为什么要用紫色的洋葱？②将实验中30%蔗糖溶液改成10%或50%的浓度实验结果会怎样？③质壁分离的条件是什么？又如，在观察根对矿物质元素离子的交换吸附现象中，可提出这样问题：①为什么要选用刚培养出来的新鲜根尖？②为什么要设计去浮色这一步骤，并选用蒸馏水冲洗？③为什么要设计对比实验？④如用自来水代替蒸馏水，会出现什么现象？这样老师在实验前启发，学生带着问题去观察思考，学生将观察和思维活动紧密结合起来，可以很好提高学生的观察思维能力。

实验完成后，对实验结果的分析也是提高学生能力的重要环节。对实验现象明显、效果好的装片，让全班学生对比观看；对实验效果差的同学，不急于指出毛病出在哪，而帮助他们分析没能达到预期效果的各种可能情况，让他们自己找出失败的原因，从而提高学生分析问题的能力。例如，洋葱根尖有丝分裂装片在显微镜下观察，看到有的细胞重叠在一起，看不清每个细胞的形态，让学生分析可能是哪一步骤出了错。通过分析，学生得出原因可能有两方面，一是解离时间短，二是制片过程压片没压好。在同一实验中细胞有时会出现颜色过浅，学生会分析出可能是漂洗和染色时间短所致。通过对实验结果的分析，很好地培养了学生严谨的学习态度。在今后的实验中，学生都能认真对待每一个步骤，主动提出问题，如某一步骤为什么要这样操作，如不这样做会怎样，对实验的某一步进行改革……

通过对学生实验基本功的训练，让学生带着问题去观察，以及注重实验结果，分析和改进，从而提高学生的动手操作能力，观察和思维能力，以及解决实际问题的能力。通过生物实验，培养了学生严谨务实的科学态度，认真求实的良好实验习惯，取得了较好的效果。

超级链接

家长应鼓励孩子多提问题，不要总认为孩子什么都不懂。不同年龄的孩子常常会向父母提出一串串精彩的问题。孩子的问题有许多是父母们意想不到的，或者觉得可笑、荒唐的。面对孩子的提问，父母不能不耐烦，也不能认为这些问题不值得回答。如果是这样，会使孩子很扫兴，挫伤乃至磨灭孩子对周围事物的敏感与思考。家长应该明白，当孩子提问时，正是孩子求知的好机会。

第二节　相机的作用不可忽视

人类的大脑对事物的记忆可以随着需要进行提取，然而受多种因素的影响，反映出来的图像往往会失真。有没有什么方法可以有效地避免这种状况的发生呢？答案是相机。在科技飞速发展的今天，观察活动时带上相机已经成为一种“必需品”了。那么，在观察活动中，相机究竟该如何发挥其作用呢？我们以观赏荷花为例。我们在拍摄荷花时应掌握好以下几点：

1. 器材的准备。荷花的花形比较大，使用普通的相机也能拍摄，但有更高的要求，还是用单反相机拍摄为最理想，镜头一般以中长焦镜头为主。除照相机之外，还应准备遮光罩、三脚架与快门线等。

2. 注意观察与选择。荷花的种类很多，花形也不一样。我们在拍摄之前应认真地观察，进行周密细致的构思，不能不假思索随便拍，结果拍摄了许多照片，有用的却不多。我们可以选择含苞欲放、亭亭玉立的花蕾；也可以选择荷花盛开之时拍摄；还可以选择花瓣已经部分脱落的花形来拍摄。

3. 注意拍摄角度。一般来说，有低角度仰拍、高角度俯拍和水平角度拍摄。采用低角度仰拍，能显示出荷花出淤泥而不染的高洁品质；采用高角度俯拍，可使绿色荷叶浮于水面，荷花点缀其中，并能很好地表现出花瓣的层数和花蕊的形状与颜色；采用水平拍摄视角，要注意画面安排，如果有水面，最好将荷花的倒影一并拍入画面，这样，倒影和荷花上下对称，相映成趣。

4. 拍摄时间的选择。在一天之中，尽量选择清晨和上午拍摄荷花，因为到了下午花朵就逐渐开始收缩，傍晚就会完全收缩了，这时就难以拍摄到理想的荷花。

5. 光线的运用。拍摄荷花逆光为好，它能很好地将荷花高洁、娇嫩的风韵表现出来。在拍摄时应注意对光比的调节，其光比不可太大。调节光比的方法一是充分利用拍摄环境中的反射光；二是用反光板或电子闪光对荷花的暗部进行补光照明。

我们对其他事物的拍摄也可以参照荷花的拍摄来进行。此外，还应注意对拍摄的照片要及时地进行整理、记录。不要只是拍过了就不管了，日后用起来，对于其拍摄的时间、地点、主题、内容概要等一概不知。这样既对后续工作的开展不利，而且也浪费了时间。

拍摄是应为我们的分析问题、研究问题服务的，而不应成为花费时间去做无用功的事。让我们将相机的作用发挥到极致，为接下来的观察研究奠定坚实的基础。

第三节　正确运用器材

以肉眼为主的观察在科研和学习中具有重大作用，但这些感官对宏观和微观世界的感知具有一定的局限性，甚至会出现较大的误差。而运用仪器，则可以扩大感官功能；设计实验，则可在人工的干预下排除自然条件中某些因素的干扰，从而获取正确、精确的结论。为此，我们应该养成尽量使用仪器和精心设计实验进行观察的习惯。

各种观察仪器和设备为我们提供了方便的条件，使我们的观察越来越深入。有相当多的现象，不借助于这些仪器和设备，我们就无法感知。因此，我们应该认真了解这些“观察工具”的性能，掌握操作方法，熟练地运用它们为我们的观察服务。不少学生实验之所以失败，就是因为不会操作或不能正确运用实验器材所致。

我们以化学课为例，常见的器材可以分为：容器；取用仪器；加热器材；支撑器材；计量器材；连接器材等。

容器

1. 药品的储存器皿：包括广口瓶、细口瓶和滴瓶。

广口瓶：口部和瓶塞接触部分被磨毛，用于短期盛放固体药品。取用药品时，瓶塞应倒放，如果将瓶塞从瓶口拿走后直接放在桌上，就会污染瓶塞，进而污染瓶中的药品；倒出药品时，标签应对准手心，否则某些药品洒在标签上时会腐蚀标签。

细口瓶：口部和瓶塞接触部分被磨毛，用于短期盛放液体药品。取用药品时，应将瓶塞倒放，标签对准手心。

滴瓶：短期存放液体，以及向其他容器转移液体。如果是专用的，用后不能冲洗滴管。

2. 反应器皿：包括试管、烧杯、集气瓶和锥形烧瓶。

试管：广泛用于少量药品的加热和反应加热。加热时应先预热，以防试管破裂。

烧杯：用于较多量液体参加的反应，还可用于蒸发。加热时需垫石棉网。

集气瓶：瓶口上缘磨毛，用于气体的收集、储存和反应。集气时要配合毛玻璃片使用；不能用于加热；用于点燃实验时，瓶中需铺沙或盛点水。

锥形烧瓶：用于液体的加热、较多量气体的制备。加热时需垫石棉网。

3. 蒸发器皿：蒸发皿。

该仪器只能用于蒸发液体使用，可直接进行加热。

4. 辅助容器：水槽。

主要用于排水法集气。

取用仪器

取用仪器包括药匙、镊子、滴管和燃烧匙。

1. 药匙：取用粉末状和细粒状固体。向容器内加药品时，要先平放容器，待药品深入容器底部后，缓缓直立，以防药品粘在器壁上；用后要擦净。

2. 镊子：取用块状和颗粒状固体。向容器内加药品时，要先平放容器，把药品放在口部，然后缓缓直立，让药品滑到底部，以防砸破容器；用后要擦净。

3. 滴管：转移和滴加少量液体。用时必须竖直悬空，以防打破滴管或洒落试液；如果不是滴瓶上的专用滴管，用后必须冲洗干净。

4. 燃烧匙：燃烧实验专用。

加热器材

最常用的加热器材为酒精灯。

使用前要检查：酒精要介于容积的1/3到2/3之间；灯芯是否齐平或烧焦。

使用的过程中，禁止向正在燃烧的酒精灯里添加酒精；禁止用酒精灯引燃酒精灯，以防酒精倒出引发火灾。

使用后要用灯帽盖灭，不能用嘴吹，以防引燃酒精蒸气，发生爆炸。

加热物质时，要使用外焰，加网罩可以提高火焰的温度。

计量器材

计量器材主要有天平和量筒。

1. 天平：主要的质量测量用具。

测量前要调平。通过调节平衡螺母，使指针指在分度盘的中央。

使用时，要称量物的质量不能超过天平的最大称量范围；左物右码摆放；天平两盘都要垫纸；对于有吸水性和易变质的物质，要放在玻璃器皿中称量。

称量后游码要恢复零位，下次使用还要重新调平。

2. 量筒：用于量取液体体积。

不要在量筒内配置溶液或进行反应，更不能加热；量取时量筒必须平放在桌面上，不要拿在手里进行观察；大多数液体在静止时，液面在量筒内呈凹形，读取时，视线要与凹形液面中的最低处保持水平。

支撑器材

支撑器材包括试管夹、铁架台等。

1. 试管夹：用于夹持或取下试管。应从底部往上套，夹在离管口1/3处。

2. 铁架台：用于较为复杂的实验，固定容器使用。

连接器材

连接器材主要是橡皮塞和导管。连接时，左手拿无需转动的，右手拿的是需要转动的仪器；整个连接过程要遵循“自下而上，从左到右”的原则。

其他常用的器材

漏斗：用于向小口径容器转移较多液体，或配置过滤器。

玻璃棒：用于搅拌和引流。引流时，玻璃棒应抵在纸层较厚的一边。

实验器材的使用开始应用心记忆，随着实验的逐步开展，做到在实验中合理注意，只有这样才能既高效地做实验，又不至于损坏实验器材、污染药品。

当然，我们在学习中，除了化学实验器材外，物理实验器材、生物实验器材等也应做到正确运用。由此，我们的实验才会通畅，才会有所收获。

第四节 要动脑多想

如前所述，观察就是一种思维的知觉，离开了思维，离开了对于观察对象的认识，观察本身也就失去了意义。正因为思维是观察中的一个实质性因素，所以应该十分重视学生观察中思维习惯的培养。在小学和初中时期，青少年一方面表现出对新鲜事物的好奇心，另一方面更多的注意的是事物的表面现象，而不能很好地注视和探究事物的内部性质和内在联系。因此，在这一时期培养他们观察中思维的习惯，主要是帮助他们由对事物外部现象的观察深入到对事物内部性质和内在联系的思考，充分发挥思维在观察和认识事物过程中的作用。

观察之前，要确定观察对象、观察目的以及观察计划、步骤和方法，这些要通过思维活动来完成。我们在观察的过程中，对出现的各种现象，应当多问几个“为什么”，对观察中出现的每一种变化（现象）都打个问号，力求做出科学的解释。在观察结束后，面对一大堆观察结果要继续思考。

只有在观察前、观察中和观察后，始终动脑筋思考探索的人，观察能力才会迅速得到提高。可以说，通过观察才能发现问题，通过思考才能解决问题。没有思维的观察，只能使获得的知识停留在感性认识的低级阶段。

俄国生理学家巴甫洛夫十分重视观察，他说：“应当先学会观察，不学会观察，你就永远当不了科学家。”在他实验室的建筑物上刻着“观察，观察，再观察”的警句。在这警句中，还应当始终贯穿着七个字：

“思考，思考，再思考”。只有这样，观察中得到的知识，才可能插上翅膀，飞跃到一个新的高度，即从感性认识飞跃到理性认识的水平。

德国物理学家伦琴长期从事射线的研究工作。一天夜里，为了研究荧光现象，排除其他光的干扰，他用黑纸把克鲁克思管包起来进行实验。当给克鲁克思管通电时，黑纸外的荧光屏突然闪出了光亮。这个发现使他异常激动，不时地反问自己：透过这层黑纸的光线到底是什么射线？晚餐时，他发现拿起面包时，白色餐布上投上了一个方方正正的面包黑影。这个极其普通的生活现象却神奇般地敲开了伦琴的心扉，同时也打动了他的夫人。两人连忙赶到实验室，终于证实了这是一种新射线，这种射线能穿透普通光线所不能穿透的某些材料。在初次发现时，伦琴就用这种射线拍摄了夫人的手的照片，显示出手骨的结构。因为当时对于这种射线的本质和属性还了解得很少，所以他称它为 X 射线，表示未知的意思。由于这一发现，伦琴获得了这一年的诺贝尔奖物理学奖。

伦琴很好地做到了观察和思考的有机结合，由此才取得了成功。类似这样的故事还有关于伽利略的一项伟大发现。

有一天，意大利比萨城一个年轻的医科学生伽利略跪在大教堂里做祷告。教堂里一片寂静，一个教堂司事正巧在这时给一盏悬挂着的油灯灌油，事后还漫不经心地让它在空中来回摆动。摆动着的挂灯链条的滴答声惊扰了伽利略，引起了他的注意。忽然，伽利略跳起身来，因为他觉察出链条摆动的节奏似乎是有规律的，尽管往返的距离越来越小，但那盏嘎嘎作响的挂灯每摆一次所用的时间，似乎总是一样长的。伽利略对此大感兴趣，决定立即回家去弄个明白，究竟是他看花了眼，还是确实发现了大自然的一个普遍规律。回到家后，伽利略立即找来两根同样长的绳子，并各系上一块相同重量的铅块，然后分别将两个绳头系在不同的厅柱上。做好了实验准备后，他请教父帮助他进行实验："请您在我数这条绳子的摆动次数的同时，数那条绳子摆动的次数。"伽利略交代完毕，把这两个铅摆的其中一个拉到离垂直线四手掌宽的位置，而将另一个拉到两手掌宽的位置，然后同时松手。计数后发现，总数果真是一样的。就这样，伽利略发现了单摆摆动的"等时性规律"，为科学的发展做出了巨大的贡献。

无论是伦琴的研究还是伽利略的发现，都离不开他们的认真观察，用心思考。我们在学习中，如果可以做到多观察、多思考，必定会有意外的收获。因为多一份观察，多一份思考，就会多一份成功的机会。

超级链接

进行观察时必须注意的事项有以下几个方面：

1. 选择最佳观察位置。一方面要力争处在观察的最佳视野；另一方面要保证不影响被观察者的常态。

2. 善于抓住引起各种现象的原因。每一种现象的出现，都要能找到引起现象出现的原因，使获得的观察材料具有科研的价值。

3. 善于辨别重要的和无关的因素。根据科研任务，把注意力集中到能获得有价值材料的重要因素上去，不为无关的、次要的因素所纠缠，努力提高观察效率。

4. 善于抓住观察对象的偶然的或特殊的反应。要全面正确地了解问题，偶然的或特殊的东西不是无足轻重的，它对于研究问题的动向也有一定的影响。

第五节　合理运用综合分析的方法

科学的观察不仅仅是被动地搜集材料，更重要的是对材料、事实进行分析研究，找出各种现象间的相互联系。因此，在观察的过程中，一定要与分析研究相结合，通俗地讲，即要求一边观察一边分析。

1. 要摒弃一切先入之见，按照观察对象的本来面目提出问题，进行分析，在不断的分析研究中把观察引向更深的层次。如此循环往复，才能得到高质量的观察结果。

2. 要深思细察。面对观察事实进行分析，不断提出为什么。在分析研究中注视观察对象；不分散注意力，不漏掉细节。不轻易相信观察对象的变化，不急于下肯定性的结论。而是在缜密的分析、比较，思考、研究中，提出结论或观点。

3. 要见机行事，根据观察对象的变化灵活地调整观察计划。同时又要及时、敏锐地捕捉观察对象的各种细微变化，从中找出联系，以使观察结果更丰富，或从中引出新的研究课题。

一般来说，科学发现、科技发明都是在综合分析的基础上得出的。

荷兰微生物学家列文虎克16岁时在一家布店里当学徒，后来自己在当地开了家小布店。当时人们经常用放大镜检查纺织品的质量。正好他得到一个兼做德尔福特市政府管理员的差事，这份工作很清闲，所以他有很多时间用来磨放大镜，而且放大倍数越来越高。因为放大倍数越高，透镜就越小，为了用起来方便，他用两个金属片夹住透镜，再在透镜前面装上一根带尖的金属棒，把要观察的东西放在尖上观察，并且用一个螺旋钮调节焦距，制成了一架显微镜。连续好多年，列文虎克先后制作了400多架显微镜，最高的放大倍数达到200~300倍。用这些显微镜，列文虎克观察过雨水、污水、血液、腐败了的物质、酒、黄油、头发、精液、牙垢等许多物质。他是全世界第一个观察到球形、杆状和螺旋形的细菌和原生动物，还第一次描绘了细菌的运动，对人类认识世界做出了伟大的贡献。

学生在认识自然事物时，不仅能感知直观的事物和现象，回忆他们自己曾经经历过的事物和现象的“形象”，而且还能把这些感知的和浮现的表象在大脑中进行组合加工，形成新形象，这就是学生学习自然的想象过程。在指导学生观察时，老师若能适时启发学生进行想象，就可使其观察的意境更加广阔。比如《叶的蒸腾作用》一课，学生通过“植物蒸腾作用”的实际观察，发现罩植物的塑料袋内有很多小水珠，老师先启发学生思考塑料袋内的小水珠是怎样形成的？是从湿土里进去的吗？（学生通过启发会说出这些水蒸气是从植物体内出来的）再由此指导学生进一步想象：如果这些水蒸气是从植物体内出来的，那么植物体应该有什么样的构造，才能往外跑“气”？此时，学生能推想出植物体表面应该有让水蒸气跑出来的孔，这些小孔一定很小，是肉眼看不见的。最后指导学生观察叶子表面的气孔，验证他们的推想是否正确。

善于分析综合，加强局部与整体的观察训练。事物皆有隶属关系，在观察中善于从整体中分析局部，从局部中推导整体，不仅能帮助我们克服观察中的主观片面性，还有助于我们减少观察步骤，“见一斑而窥全豹”。

超级链接

孩子在观察中，往往只把握整体，而忽视细致的观察，究其原因，大致有以下两点：

1. 如果对所观察的事物缺乏兴趣，他们就会走马观花，敷衍了事，观察得不仔细。

2. 父母对孩子的观察缺乏引导。父母没有给孩子提出明确的观察目的、要求；不注意教给孩子观察的方法。所以孩子在观察时，不能抓住事物的主要特征进行观察。

第六节　打破思维定势

超越常规，对于我们观察事物有着重要作用，它可以帮助我们摆脱常规，开阔视野，发现新问题，开辟新思路，得出新的观察结果。

一个深秋的夜晚，巷子里不时传来断断续续的跑步声，还有忽明忽暗的亮点在闪动。原来这是几名警察在追捕一名歹徒。歹徒发现有人追，就拼命向黑暗中跑去。目标一下就消失了，几束手电筒的光柱交叉着在墙壁、树木、土堆、石头上移动。突然，一名警察听到了脚步声，他迅速向发出声响的地方照去。这名警察隐隐约约地发现一个人影翻过一堵矮墙，当他冲过去时，那人又不见了。他一边搜索一边想：天这么黑，不借助手电筒的亮光什么也看不见，而手电筒一亮又会暴露自己，这该如何是好呢？

搜索继续进行。当这名警察看见同伴射来的一道亮光时，突然产生了一个想法：要是一听到前方有动静，就把一个关闭的手电筒向可疑的地方扔去，手电筒不会摔坏，并且一落地就会亮，这样歹徒不就无法隐身了。就这样，六面发光的投掷电筒诞生了。

这是克服思维定势的一个实例。我们在学习中，在观察中，如果遇到按照惯常的思维方式解决不了的问题，有时换一种方式就很容易找到答案。

我国东汉医学家华佗十分重视人体健康，可是要提出行之有效的锻炼方法自己一时也没有太好的主意。有一次，华佗正在书房里看书，看见一个小孩把住门闩来回晃荡，他立即想到古书上“户枢不蠹，流水不腐”的话。那么，人为什么不也这样天天运动，让气血流通呢？后来，华伦参考了全面锻炼身体的方法——“导引术”，编出了一套锻炼身体的拳法——“五禽戏”。这种体育运动就是模仿虎、鹿、熊、猿、鸟五种禽兽运动姿态的体操，可以使周身关节、脊背、腰部、四肢都得到舒展。

华佗的弟子吴普，由于几十年坚持做“五禽戏”，活到 90 多岁，仍然步履轻盈，耳聪目明，牙齿坚固。可见，体育锻炼对人体健康的作用非常大。

众所周知，思维定势可以将相似、相同的问题快速解决。然而在新问题面前，则会妨碍新问题的解决。学生在学习的过程中，常常不自觉地把自己习惯了的思维方式运用于新的情景中去，不善于变换认识问题的角度，因而造成相关问题得不到正确的解决。如果能努力打破思维定势，从其他角度进行观察、思考，也许问题会迎刃而解的。

第七节 大胆质疑

我们在进行观察时，可以保持合理的怀疑，对于周围的一切都应该多问几个为什么。创造性的科学观察，发端于质疑，从这个意义上讲，科学观察就是为释“疑”提供事实的。然而大胆质疑绝非胡乱猜疑，而是要尊重事实，正确反映事实，从事实中引出正确的结论。

意大利物理学家、天文学家伽利略凡事不但喜欢多想一想，还要去试一试。当年，他在比萨母校任数学教授时，并不像其他人那样照宣亚里士多德的教条，而是大力提倡观察和实验。这在当时的人看来，简直是不知天高地厚。在当时，亚里士多德的理论可谓是金科玉律，是人人信奉的。

25 岁的伽利略对亚里士多德的一个经典理论——“如果把两件东西从空中扔下，必定是重的先落地，轻的后落地”产生了怀疑。伽利略认为，不管是轻的还是重的，他们从高空落下时，都同时落地。于是，伽利略决心进行一次实验，证明自己的论断。

这天，年轻的伽利略宣布要在比萨斜塔上进行一次实验，一些教授大为不满，有些人则想着刚好让他当众出出丑。当伽利略左手拿一个铁球，右手拿一个重左手 10 倍的铁球爬上斜塔的阳台时，塔下已是人头攒动，除了比萨大学的校长、教授、学生，还有许多看热闹的市民。

伽利略将身子从阳台上探出，当他的两手同时松开时，只见两个铁球从空中落下，齐头并进，“咚”的一声同时落地。人群先是寂静了片刻，接着响作一团。校长和教授们面面相觑，半天说不出话来。

由于伽利略大胆质疑，并以系统的实验和观察推翻了以亚里士多德为代表的、纯属思辨的传统的自然观，开创了以实验事实为根据并具有严密逻辑体系的近代科学。因此，他被称为“近代科学之父”。伽利略的工作，为牛顿的理论体系的建立奠定了基础。

19世纪以前，人们尚未开始系统地研究地球整体的地质构造，对海洋与大陆是否有变动，并没有形成固定的认识。1910年，德国地球物理学家魏格纳在偶然翻阅世界地图时，发现一个奇特的现象：大西洋的两岸——欧洲和非洲的西海岸遥对北美洲和南美洲的东海岸，轮廓非常相似，这边大陆的凸出部分正好能和另一边大陆的凹进部分凑合起来；如果从地图上把这两块大陆剪下来，再拼在一起，就能拼凑成一个大致上吻合的整体。把南美洲跟非洲的轮廓比较一下，更可以清楚地看出这一点：远远伸入大西洋南部的巴西的凸出部分，正好可以嵌入非洲西海岸几内亚湾的凹进部分。

魏格纳认为，这绝非偶然的巧合，并形成了一个大胆的推断：在距今3亿年前，地球上所有的大陆和岛屿都连在一起，构成一个庞大的原始大陆，叫做泛大陆。泛大陆被一个更加辽阔的原始大洋所包围。后来从大约距今两亿年时，泛大陆先后在多处出现裂缝。每一裂缝的两侧，向相反的方向移动。裂缝扩大，海水侵入，就产生了新的海洋。相反，原始大洋则逐渐缩小。分裂开的陆块各自漂移到现在的位置，形成了今天人们熟悉的陆地分布状态。

1912年，魏格纳在法兰克福地质学会上做了题为“大陆与海洋的起源”的演讲，提出了大陆漂移的假说。由于当时科学发展水平的限制，大陆漂移说由于缺乏合理的动力学机制遭到正统学者的非议。魏格纳的学说成了超越时代的理念。大陆漂移说一提出，就在地质学界引起轩然大波。魏格纳在反对声中继续为他的理论搜集证据，为此他4次去格陵兰考察。在第4次考察格陵兰时，他遭到暴风雪的袭击，倒在茫茫雪原上。魏格纳去世30年后，板块构造学说席卷全球，人们终于承认了大陆漂移学说的正确性。

由于魏格纳的大胆质疑，为人们了解和认识大陆漂移理论奠定了一定的基础，该学说为后来的科学研究指明了道路。

超级链接

任何事物都是一个复杂的复合体，所以要认识它们，就要层层推进，深入内涵。爱因斯坦认为："提出一个问题往往比解决一个问题更重要。因为解决一个问题也许仅仅是科学上的实验技能而已，而提出新的问题、新的可能性，以及从新的角度看旧问题，却需要创造性想象力，而且标志着科学的真正进步。"

附录　观察能力测试

请在下面每个题中的三个选项中选择一个最适合你的，然后根据各题对应的分值评估自己的观察能力。

1. 与某人相遇时，你通常会：

○从头到脚细细打量一番

○只看他（或她）的脸

○只注意某个部位

2. 早晨醒来后，你会：

○马上就想起来应该做什么

○对自己昨晚的梦记忆犹新

○想起了昨天所发生的事情

3. 你每次放下正在看的书时，总是会：

○直接合上书，自己会记得看到什么地方

○用笔标出看到的地方

○顺手放个书签

4. 去朋友家拜访，你通常会：

○注意家具的摆放

○注意某些用具的准确位置

○注意墙上的挂画

5. 如果你在家里需要找什么东西，你会：

○在这个东西可能放的地方找

○不知道在哪，到处寻找

○请别人帮忙找

6. 当你乘坐公共汽车时，你会：

○思考问题，谁也不看

○注意一下身旁的人

○与离你最近的人搭话

7. 看到尘封的老照片时，你会：

○激动万分

○觉得很可笑

○尽量了解照片上都有谁

8. 在大街上时，你通常会：

○观察来往的车辆

○观察建筑

○观察行人

9. 在餐厅里等人，你通常会：

○仔细观察身旁的人

○看报纸或是看书

○发呆

10. 聚会时，你结识了一位新朋友，散场后，你：

○记住了新朋友的姓名和长相

○记住了新朋友的长相

○什么也没记住

11. 如果有人让你去参加你不会的游戏，你会：

○试图学会玩并且想赢

○婉言拒绝

○直言不玩

12. 餐桌上有很多菜，只看一眼然后回想，你通常会：

○所有的菜都能记住

○大概只能记住一半的菜

○只能记住少有的几个菜

13. 和几个朋友外出看了风景，你记住了：

○风景的主体色调

○天空的景象

○当时浮现在你心里的感受

14. 在满天繁星的夜晚，你会：

○观察星座

○只是一味地看夜空

○什么也不看

15. 当你看橱窗时，你会：

○只看对自己有用的物品

○看华丽鲜艳的物品（自己不需要的）

○会看每一件东西

评分标准：

选第一项得 3 分；第二项得 2 分；第三项得 1 分。

测试结果：

36～45 说明你有相当敏锐的观察能力。

25～35 说明你的观察能力一般。

15～24 说明你的观察能力较差。